WERKSTATTBÜCHER

FÜR BETRIEBSBEAMTE, KONSTRUKTEURE UND FACHARBEITER
HERAUSGEGEBEN VON DR.-ING. H. HAAKE, HAMBURG

Jedes Heft 50—70 Seiten stark, mit zahlreichen Textabbildungen

---

Die Werkstattbücher behandeln das Gesamtgebiet der Werkstattstechnik in kurzen selbständigen Einzeldarstellungen; anerkannte Fachleute und tüchtige Praktiker bieten hier das Beste aus ihrem Arbeitsfeld, um ihre Fachgenossen schnell und gründlich in die Betriebspraxis einzuführen.
Die Werkstattbücher stehen wissenschaftlich und betriebstechnisch auf der Höhe, sind dabei aber im besten Sinne gemeinverständlich, so daß alle im Betrieb und auch im Büro Tätigen, vom vorwärtsstrebenden Facharbeiter bis zum leitenden Ingenieur, Nutzen aus ihnen ziehen können.
Indem die Sammlung so den Einzelnen zu fördern sucht, wird sie dem Betrieb als Ganzem nutzen und damit auch der deutschen technischen Arbeit im Wettbewerb der Völker.

Einteilung der bisher erschienenen Hefte nach Fachgebieten

I. Werkstoffe, Hilfsstoffe, Hilfsverfahren

II. Spangebende Formung

(Fortsetzung 3. Umschlagseite)

WERKSTATTBÜCHER
FÜR BETRIEBSANGESTELLTE, KONSTRUKTEURE UND FACHARBEITER. HERAUSGEBER DR.-ING. H. HAAKE, HAMBURG
HEFT 26

Innenräumen

Von

Dr.-Ing. **Artur Schatz**
Beratender Ingenieur VBI, Wuppertal

Dritte, völlig umgearbeitete und erweiterte Auflage
des vorher von **L. Knoll** † bearbeiteten Heftes
(15. bis 20. Tausend)

Mit 112 Abbildungen

Springer-Verlag
Berlin / Göttingen / Heidelberg
1951

ISBN 978-3-540-01587-1 ISBN 978-3-642-87096-5 (eBook)
DOI 10.1007/978-3-642-87096-5

Inhaltsverzeichnis.

Inhaltsverzeichnis.

Einleitung.

Innenräumen ist das Verfahren, durchgehenden Bohrungen durch Spanabheben eine profilierte Form, genaue Maße und eine hohe Oberflächengüte zu geben. Es hat große Verbreitung gefunden, denn die Arbeitsverfahren, die es ersetzt — Formlöcher werden auch noch auf der Stoßmaschine oder der Nutenziehmaschine hergestellt — verlangen zwar nur geringen Werkzeugaufwand, benötigen indessen eine verhältnismäßig lange Bearbeitungszeit und sind daher nur für die Einzelfertigung oder für die Herstellung von wenigen gleichen Arbeitsstücken wirtschaftlich. Auch läßt die Maßgenauigkeit dieser Arbeitsverfahren viel zu wünschen übrig.

Das vorliegende Heft[1] soll der Einführung in das Gebiet des Innenräumens dienen und ist in seiner dritten Auflage[2] von dem neuen Bearbeiter völlig umgestaltet und auf den heutigen Stand der Räumtechnik gebracht worden. Hierbei haben ihn die folgenden Personen, Firmen und Institute, denen an dieser Stelle gedankt sei, bereitwillig unterstützt:

American Broach & Machine Company, Ann Arbor, Michigan, USA.
Blell Kommandit-Ges., Zeulenroda/Thüringen.
Broaching Tool Institute, New York, 6, N. Y., USA.
Dipl.-Ing. Manfred Coester i. Fa. Robert Bosch GmbH., Stuttgart.
Colonial Broach Company, Detroit, Mich., USA.
E. Percy Edwards, M. I. P. E., Birmingham, England.
Ex-Cell-O Corporation, Detroit 32, Mich., USA.
Oswald Forst G. m. b. H., Solingen 3.
Marcel J. Gordon i. Fa. L'Outillage RBV., Paris XXe, Frankreich.
The Institution of Production Engineers, London, W. 1., England.
Kendall & Gent Limited, Manchester 18, England.
The Lapointe Machine Tool Company, Hudson, Mass., USA.
H. R. Müller, i. Fa. Alfred H. Schütte, Köln-Deutz.
National Broach & Machine Co., Detroit 13, Mich., USA.
The Oilgear Company, Milwaukee 4, Wisconsin, USA.
Schweizerische Industrie-Gesellschaft, Neuhausen am Rheinfall, Schweiz.
U. S. Broach Company, Detroit 12, Mich., USA.

---

[1] Über Außenräumen siehe Werkstattbuch Heft 80: SCHATZ, Außenräumen. Wer das Räumen, sei es Innen- oder Außenräumen, bereits anwendet und bessere Ergebnisse erzielen will oder die Anwendung dieses Arbeitsverfahrens praktisch vorbereiten will, findet in SCHATZ, Hilfsbuch für das Räumen von Werkstücken, Carl Hanser-Verlag, München 1951, eine Anleitung und Antwort auf Einzelfragen, wie z. B. ausführliche Angaben über Schneidflüssigkeiten, die Bearbeitbarkeit von Werkstoffen durch Räumen, die Einordnung des Räumens in die Arbeitsfolge, Normen, Lieferfirmen für Maschinen und Betriebsmittel, Abmessungen von Räummaschinen, die Maschinenaufstellung, den Einbau der Werkzeuge, das Schärfen der Werkzeuge, erzielbare Maßtoleranzen und Oberflächengüte usw.

[2] Die erste Auflage ist 1926, die zweite 1942 erschienen.

I. Die Anwendung des Innenräumens.

A. Das Innenräumen als Bearbeitungsverfahren.

1. Anwendungsgebiete. Das Anwendungsgebiet des Innenräumens ist sehr verzweigt. Nahezu alle Werkstätten mit spanabhebender Metallbearbeitung haben in ihren Arbeitsfolgen das Räumen eingeschaltet.

Für die Anwendung des Räumens fand sich besonders in der Automobilindustrie vielfache Gelegenheit, z. B. bei der Bearbeitung von Teilen des Wechselgetriebes, der Gelenkwelle, des Motors, der elektrischen Aggregate und der Federung. Die Kerbverzahnung für Autoräder wird nur noch durch die Räumnadel hergestellt. In der Elektrotechnik räumt man Motorenteile, Telephonteile, Rundfunkteile usw. Ferner kommt das Räumen in Betracht im Werkzeugmaschinenbau (z.B. für Wechselräder-Schiebeverbindungen), im Nähmaschinenbau, in Werkzeugfabriken und im Rechen- und Schreibmaschinenbau. Bei landwirtschaftlichen Maschinen, Haushaltungsmaschinen und Hebezeugen gibt es verschiedene Formlöcher, die bei den teilweise großen Serien wirtschaftlich geräumt werden können. Aus der optischen Industrie, ebenso aus der Webstuhl- und Spinnmaschinenfabrikation lassen sich eine Menge Beispiele anführen. Auch in der Waffenfertigung werden Räumnadeln angewendet.

Die Räumnadel muß überall da angewendet werden, wo neben Sauberkeit der bearbeiteten Oberfläche auf große Genauigkeit der Werkstücke Wert gelegt wird. Als Ersatz für das Reiben wird das Räumverfahren auch auf runde Löcher angewendet. Die Länge der Bohrung spielt nur insofern eine Rolle, als für eine bestimmte Räumnadel die zulässige Lochlänge nicht überschritten werden darf. Eine Änderung des *Werkstoffes* des Arbeitsstückes ist nur bedingt zulässig, denn für verschiedene Werkstoffe sind verschiedene Schneidenwinkel der Zähne notwendig. Die Räumnadel ist also ein Einzweckwerkzeug.

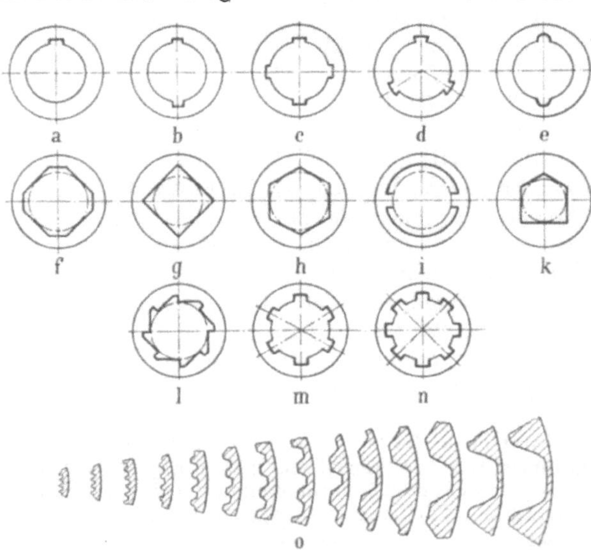

Abb. 1. Formlöcher, die vorteilhaft geräumt werden.

2. Anwendungsbeispiele. Als bekanntestes Beispiel ist das Räumen einer Keilnute zu nennen. Keilnuten werden in Einzelfertigung nach Lehre auf der Stoßmaschine bearbeitet. Hierbei muß das Werkstück durch Spanneisen festgespannt und ausgerichtet werden. Genauer wird die Bearbeitung schon auf der Keilnutenziehmaschine mit Ziehkolben bei selbsttätiger Spanzustellung. Die Arbeit des Nutenräumens auf der Räummaschine aber bringt neben der Genauigkeit auch noch bedeutende Zeitersparnis, weil die Nadel in einigen Sekunden durchläuft und die Nute meist in einem Zuge fertigstellt. Dabei erübrigt sich jede Nacharbeit mit der Feile oder anderen Werkzeugen.

In Abb. 1 sind die am häufigsten vorkommenden Formen wiedergegeben. Die Bohrungen *a*, *b*, *c* werden hauptsächlich mit einfacher Nutennadel und erforderlichenfalls in einer Teilvorrichtung geräumt, auch die Bohrungen *d* und *e* können noch mit einfacher Nadel bearbeitet werden. Dagegen sind die Löcher *m* bis *o* schneller mit der Mehrnutennadel herzustellen, ebenso auch schon die Form *c*. Die Formlöcher *c*, *i*, *m*, *n*, *o* sind besonders für Schiebeverbindungen geeignet. Die Formen *g* und *h* sind für Steckschlüssel u. dgl. anwendbar. Die Anordnung von Nuten nach *d* in Lagern bezweckt eine gute Befestigung des Lagermetalles. Die Verzahnung *l* ist für Sperräder, die Verzahnung Abb. 2c ist eine sichere Ruhesitzverbindung.

Die nachfolgenden Abbildungen geben Beispiele aus bestimmten Verwendungsgebieten. Abb. 2 zeigt Arbeitsbeispiele aus dem *Autcmobil- und Motorenbau*: das

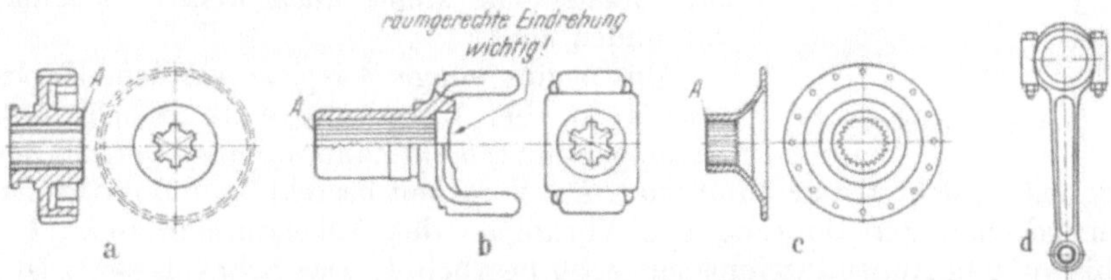

Abb. 2a—d. Beispiele aus dem Automobilbau.

Getrieberad *a* ist hier mit einer sechsfach genuteten Bohrung versehen; das Loch ist auf der Bohrmaschine vorgebohrt und auf der Drehbank auf Schleifmaß ausgedreht worden. Dabei wurde auch die Fläche *A* plangedreht, so daß sie beim Räumen als Anlage dienen kann. Nach dem Räumen wird das Rad auf einen Dorn gesteckt, fertiggedreht und verzahnt. Das Kardangelenk *b* ist in derselben Weise vorgearbeitet; auch hier ist eine zur Bohrung senkrechte Fläche *A* durch Abdrehen in einer Aufspannung geschaffen. Eine solche senkrechte Fläche muß bei allen Arbeitsstücken vorhanden sein, damit das Ergebnis des Räumens einwandfrei ausfällt. Die Radnabe *c* wird mit Kerbverzahnung versehen und ebenso vorgearbeitet; fertigbearbeitet wird jedesmal nach dem Räumen. Beim Pleuel *d* wird nur die kleine Bohrung innengeräumt, während die große Bohrung durch Außenräumen in zwei Hälften (Pleuel und Deckel getrennt) hergestellt wird.

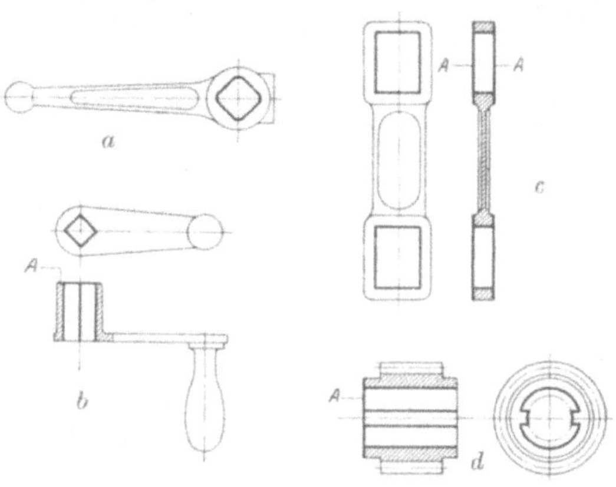

Abb. 3a—d. Beispiele aus dem Maschinenbau.

Einige Beispiele aus dem *Maschinenbau* gibt Abb. 3. Die Bohrung des Stellhebels *a* ist in der üblichen Weise mit Spiralbohrer vorgebohrt und die eine Stirnseite mit Zapfensenker abgesenkt. Hierauf wird durch Vierkantnadel die Form des Loches geräumt. Die Kurbel *b* ist in derselben Weise vorgearbeitet: Die Fläche *A* ist durch Zapfensenker abgeflacht und beim Räumen als Anlagefläche benutzt worden. Der Kulissenhebel *c* wird auf beiden Seiten *A* gefräst. Die beiden Löcher werden dann unter Benutzung einer einfachen Aufnahmevorrichtung geräumt. Hier werden gleichzeitig zwei Stück auf einmal fertiggestellt, zuerst die eine Seite, dann wird die geräumte Seite in eine einfache Zentrierung genommen und die andere viereckige Öffnung bearbeitet. Die Schnecke *d* mit zwei festen Keilen ist in zwei Zügen geräumt. Die Vorarbeiten beschränken sich auch hier auf das Vorbohren mit Spiralbohrer und Abflachen der Seite *A*.

Das bekannteste Arbeitsbeispiel aus dem *Fahrradbau*, die Tretkurbel, ist in Abb. 4 dargestellt. Das Vierkantloch, das nach dem Räumen noch kegelig gedrückt wird, ist auf der Bohrmaschine vorgebohrt. Eine Bearbeitung der Fläche *A* vor dem Räumen ist hier nicht erforderlich, da diese auch beim Bohren als Anlage dient, das Bohrloch also von selbst rechtwinklig zur Anlagefläche steht, auch wenn Unebenheiten vorhanden sind.

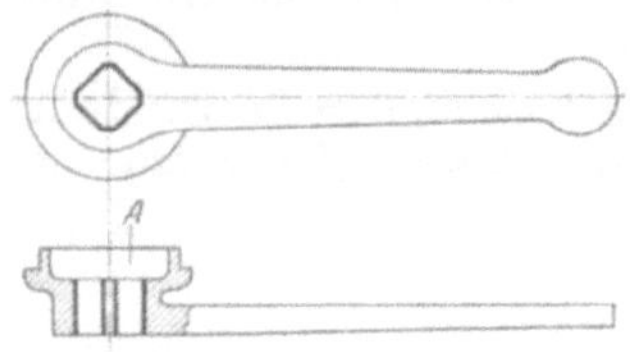

Abb. 4. Tretkurbel.

Abb. 5 gibt einige Beispiele aus dem *Werkzeugbau*: *a* ist die Außenhülse eines Bohrfutters für Federspannung, *b* ein Zahnrad eines Getriebespannfutters, das zu mehreren geräumt wird. Die Vorarbeit besteht beim Bohrfutterteil *a* im Fertigdrehen der Bohrung und Vordrehen des Außendurchmessers; *b* wird auch bis auf den Außendurchmesser fertig bearbeitet. Das Schneideisen *c* ist vorgebohrt und auf der Drehbank geplant.

In den bisherigen Beispielen sind nur gerade, parallel zur Achse liegende Nuten gezeigt. Jedoch auch das Räumen *gewundener Nuten und Formlöcher* ist möglich. Die Anwendung der Drallnuten für Schiebeverbindungen ist durch das Räumverfahren sehr gefördert worden. Die Bearbeitung nach dem alten Verfahren war sehr umständlich und zeitraubend; sie geschah meist auf derDrehbank. Für die Großreihenfertigung von gewundenen Mehrfachnuten wurde auch die sogenannte Schmiernutenziehmaschine verwendet. Teile größeren Ausmaßes konnten auf einer anderen Sondermaschine gefräst werden, jedoch war es um die Genauigkeit dieser Arbeitsverfahren schlecht bestellt. Hauptsächlich aus diesem Grunde wurde die Anwendung von gewundenen Nuten in Bohrungen vermieden. Für diese Art Arbeiten ist nun das Räumen wie geschaffen. Wenn auch die Herstellung von Räumnadeln für gewundene Formlöcher verhältnismäßig teuer ist, so muß doch andererseits die unbedingte Genauigkeit und die Gleichheit der geräumten Bohrungen untereinander in Rechnung gestellt werden. Gleichheit und damit Austauschbarkeit ist aber die erste Forderung moderner Fertigung. Auch die Ersparnisse an Arbeitszeit gegenüber den alten Arbeitsverfahren sind ganz bedeutend: es ist nicht als Ausnahme anzusehen, wenn für das Räumen einer mit Drallnuten versehenen Büchse nur der zwanzigste Teil der Zeit des alten Verfahrens aufgewendet zu werden braucht, und oft sind die Zeiten noch viel günstiger.

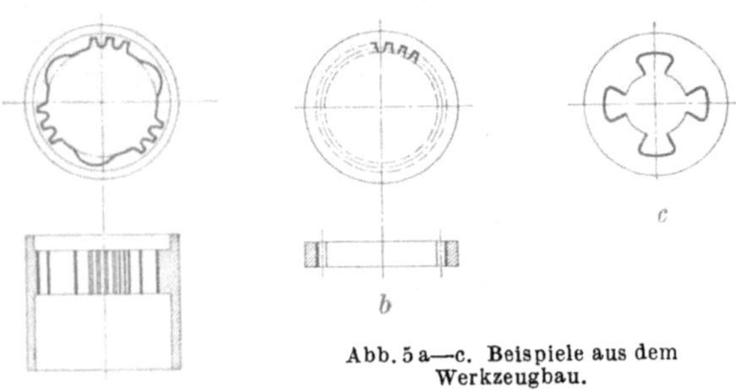

Abb. 5 a—c. Beispiele aus dem Werkzeugbau.

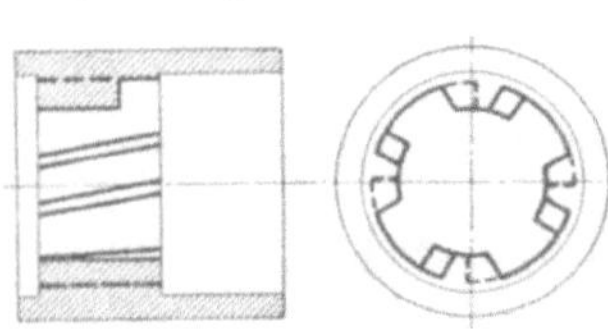

Abb. 6. Drallnuten.

In Abb. 6 ist ein Arbeitsstück mit Drallnuten dargestellt. Die Vorarbeit beschränkt sich wieder auf Vorschruppen der äußeren Form und auf Fertigdrehen der Bohrung; zugleich ist die eine Seite planzudrehen. Für das Spiralräumen ist eine einfache Vorrichtung erforderlich, die im Abschnitt 37 beschrieben und abgebildet ist. Besonders große Genauigkeit wird durch Anwendung besonderer Leitspindeln (s. Abb. 82) oder zwangsläufige Drehung der Werkstückaufnahme durch die Räumnadel erzielt.

Abschließend seien noch Bearbeitungsbeispiele aufgeführt, die einige Besonderheiten aufweisen. Das Querloch im Gewindezapfen nach Abb. 7 ist mehrfach vorgebohrt, so daß der Nadelschaft eingeführt werden kann. Beim Räumen wird das Werkstück in eine Vorrichtung aufgenommen. Das gußeiserne Lagergehäuse a nach Abb. 8 ist mit 6 schwalbenschwanzförmigen Längsnuten b für die sichere Befestigung des Lagermetalles zu versehen. Die Werkstückaufnahme d zeigt 6 Führungsnuten, in die 6 gleiche Räumnadeln c eingelegt und in einem gemeinsamen Halter befestigt werden. Die 6 Nuten werden auf diese Weise in einem Durchzug hergestellt. In Abb. 9 ist eine Büchse gezeigt, die an beiden Enden Kerbverzahnung von der Länge l aufweist. Bei der Herstellung der Räumnadel richtet sich daher ihre Zahnteilung nach der Länge l, während die Zahnlücke für $2 \times l$ bemessen werden muß, weil in ihr zwei Späne unterzubringen sind. Verjüngte Vierkantlöcher nach Abb. 10 werden in der Weise geräumt, daß jeweils eine Ecke des Vierkantloches bearbeitet wird. Es ist hierfür eine Aufnahmevorrichtung erforderlich. Die Räumnadel a ist in ihrer Schnittbreite b etwas breiter als die halbe Seitenkante des größten Vierkantes zu bemessen. Nach viermaligem Durchziehen der Nadel ist das verjüngte Vierkantloch fertiggestellt.

Abb. 7. Querloch.

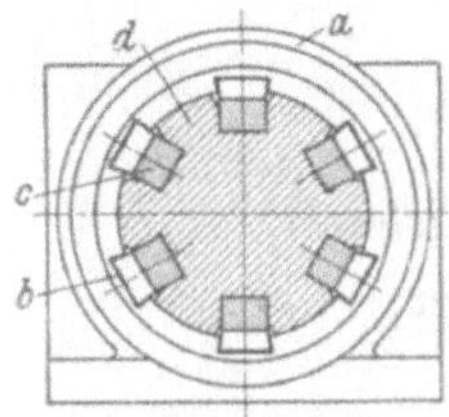

Abb. 8. Nuten zur Befestigung von Lagermetall.

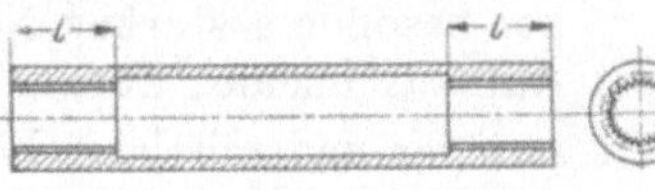

Abb. 9. Ausgesparte Bohrung.

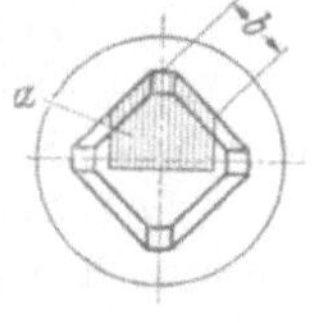

Abb. 10. Verjüngte Vierkantbohrung.

3. Schnittgeschwindigkeit und Schneidflüssigkeit. Die Schnittgeschwindigkeit beim Innenräumen richtet sich nach der Bearbeitbarkeit des Werkstoffs, d. h. seiner Festigkeit, Härte und Dehnung, seinem Gefüge und seiner Gleichmäßigkeit. Sie wird nach oben hin begrenzt durch die Güte der Oberfläche, die erzielt werden soll sowie das Bestreben, die Standzeit des Werkzeugs zu erhöhen, nach unten hin durch Rücksichten auf die Wirtschaftlichkeit, die eine möglichst hohe Leistung in der Zeiteinheit erreichen wollen. Da Räummaschinen hydraulischen Antrieb haben, lassen sie sich leicht auf die optimalen Schnittbedingungen einstellen. Es empfiehlt sich, bei Werkstoffen, deren Bearbeitbarkeit durch Räumen unbekannt ist, mit einer Schnittgeschwindigkeit von 1 m/min zu beginnen und diese dann allmählich bis zum günstigsten Wert zu steigern. Erfahrungswerte für die Schnittgeschwindigkeit sind:

Stahl, 70—80 kg/mm² Festigkeit:	3···6 m/min
und zwar beim	
Rundräumen	3···4,5 m/min
Räumen von Vielkeilnuten	4,5···5,5 m/min
Räumen von Einzelnuten	4,5···6 m/min
Stahl, legiert, hohe Festigkeit	1···2 m/min
Stahl, zäh und schmierend	2···4 m/min
Stahl guter Bearbeitbarkeit	6···8 m/min

Grauguß, Messing, Bronze . . . . . . 7,5···10 m/min
Leichtmetall-Legierungen . . . . Höchstgeschwindigkeit der Maschine (zwischen 4 und 14 m/min)
Glättnadeln . . . . 3 m/min

Da die Schnittbedingungen beim Innenräumen besonders ungünstig sind — die geringe Schnittgeschwindigkeit begünstigt die Bildung einer Aufbauschneide, der Span kann nicht frei ablaufen und die Schneidflüssigkeit kann nicht unmittelbar bis zur Schnittstelle gelangen — ist die Wahl der für einen gegebenen Fall am besten geeigneten *Schneidflüssigkeit* von entscheidender Bedeutung. Sie soll teils schmieren, teils kühlen, wobei bei schweren Schnitten die schmierende, bei leichten die kühlende Eigenschaft überwiegen sollte. Folgende Schneidflüssigkeiten haben sich bewährt:

Stahl hoher Festigkeit: Schneidöl, stark gefettet;
Schneidöl, geschwefelt und gefettet;
Schneidöl, geschwefelt, gechlort und gefettet.

Stahl, zäh und schmierend: Schneidöl, geschwefelt und gechlort;
bei besonders starker Neigung zur
Aufbauschneide: Zusatz von Tetrachlorkohlenstoff.

Stahl geringer und mittlerer Festigkeit, jedoch
gut bearbeitbar: Schneidemulsion.

Stahlguß, Temperguß: Schneidemulsion.

Grauguß: trocken;
sehr dünnflüssiges Mineralöl; } bessere Oberflächengüte, aber stärkerer Verschleiß des Werkzeugs.
Leuchtpetroleum;
Schneidemulsion.

Messing: Schneidöl, gefettet;
Schneidemulsion.

Rotguß, Bronze, Kupfer: Schneidöl, gefettet.

Zink: trocken.

Aluminiumlegierungen: dünnflüssiges Schneidöl;
Schneidemulsion.

Magnesium-Legierungen: trocken;
brandverhütendes Sonderschneidöl.

Bei besonders schmierenden Werkstoffen wird ein Zusatz von Graphitpulver empfohlen (Nachteil: abstumpfende Wirkung auf das Werkzeug).

B. Richtlinien für das Arbeitsstück.

Die Löcher, die durch Räumen bearbeitet werden sollen, müssen *Durchgangslöcher* sein.

4. Werkstoffe. Für die Bearbeitung durch Räumen eignen sich alle Werkstoffe, die auch sonst durch Spanabheben ihre Form erhalten. Dabei muß die Konstruktion der Nadel auf die Bearbeitbarkeits-Eigenschaften des Werkstoffs abgestimmt sein.

Die Werkstoffe selbst müssen in der chemischen Zusammensetzung und im Gefüge durchaus gleichmäßig sein. Allgemein läßt sich sagen, daß Stahl von mittlerer Festigkeit (70···90 kg/mm²) besser zu bearbeiten ist als weichere Sorten. Weicher

Stahl neigt zum Schmieren und Ausreißen, und es ist schwer, eine gute Oberfläche zu erzielen. Oft läßt sich durch Vergüten auf 70···80 kg/mm² Festigkeit die Bearbeitbarkeit verbessern. Ungleichmäßigkeiten des Werkstoffs lassen die Zähne der Räumnadel einseitig verschleißen. Bei den folgenden Werkstücken weicht dann das Werkzeug nach der noch scharfen Seite hin ab. Solche Werkstoffe werden daher vor dem Räumen zweckmäßig geglüht.

Es ist erforderlich, daß der sich beim Glühen oder Vergüten der Werkstücke ansetzende Zunder durch Sandstrahlen oder Beizen entfernt wird. Zunder beschädigt die Nadel und macht sie vorschnell stumpf. Selbstverständlich müssen Säurereste durch Nachwaschen der Werkstücke in Wasser oder Sodalauge entfernt werden, damit die Schneidfähigkeit der Nadel nicht leidet. Auch bei Gußhaut empfiehlt sich die Behandlung durch Sandstrahl und Beize, da besonders die eingeschlossenen Sandkörnchen eine verheerende Wirkung auf die Schneiden der Nadel ausüben. Harte Stellen im Guß entfernt man mit Meißel oder auf andere Art, da sie ebenfalls die Nadel beschädigen und unbrauchbar machen könnten. Besser ist es, die Gußhaut durch mechanische Bearbeitung, sei es durch Vordrehen oder Vorbohren, zu entfernen, und dann erst zu räumen. Bei Sonderstaffelung der Zahnung lassen sich indessen auch vorgegossene oder warmgelochte Bohrungen unmittelbar räumen (s. Abschnitt 22).

5. Konstruktion der Werkstücke. Vor allem ist für ausreichende Gleichmäßigkeit der Wandstärken zu sorgen. Wird z. B. ein Werkstück mit ungleichen Wänden, die obendrein noch besonders dünn sind, geräumt, so drückt die schwächere Wand sich beiseite und federt nach dem Durchlaufen der Räumnadel wieder in die alte Stellung zurück. Die Folge davon ist, daß die Bohrung an der Stelle der dünnen Wand zu eng und von der Kontrolle zurückgewiesen wird, weil der Lehrdorn nicht paßt. *a* (Abb. 11) zeigt ein falsch aufgebautes Werkstück; die gestrichelten Linien geben übertrieben die Rückfederung des Wandteiles an. Die Ausführung nach *b* ist besser. Wenn bei Konstruktionen die Wandstärken nicht geändert werden dürfen, so ist ein Ausweg meist dadurch möglich, daß die schwache Stelle erst nach dem Räumen außen bearbeitet wird. Bei gegossenen Teilen ist es oft nicht zu umgehen, daß Bohrungen mit einer schwachen Stelle geräumt werden. Man kann sich dann dadurch helfen, daß die Nadel noch ein zweites Mal durchgezogen wird. Immer führt dieses Verfahren jedoch nicht zum gewünschten Ergebnis.

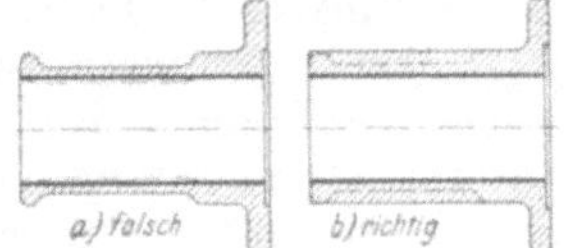

Abb. 11. Werkstückausbildung.

6. Bearbeitungszustand der Werkstücke. Die Vorbearbeitung der zu räumenden Werkstücke ist bei den im Abschnitt 2 angeführten Beispielen bereits kurz angegeben. Sie erstreckt sich in der Hauptsache auf die Schaffung einer zur Bohrung rechtwinklig stehenden Fläche, die als Anlage beim Räumen benutzt werden muß. In den meisten Fällen ergibt sich eine derartige Fläche von selbst. Beim Ausbohren eines längeren Loches mit dem Drehstahl wird ohnehin schon die Stirnseite mit plangedreht. Sie „läuft" also mit der Bohrung. Auch bei der Bearbeitung auf der Bohrmaschine ist es einfach, die nach oben stehende Fläche mit dem Zapfensenker abzuflachen. Dabei kommt es auf die Sauberkeit der erzeugten Oberfläche nicht an, denn bei der Fertigbearbeitung des Werkstückes kann ja nach dem Räumen diese eine Seite nochmals sauber geschlichtet werden. Die senkrechte Anlagefläche muß vorhanden sein, da sonst das anstandslose Durchziehen der Räumnadel nicht gewährleistet ist. Abb. 12 zeigt, um was es sich dabei handelt. Sie gibt der Deutlichkeit halber den $\sphericalangle\ \alpha$ stark übertrieben; in Wirklichkeit genügt schon eine Größe von weniger als $\frac{1}{4}°$, um die ungünstige Wirkung zutage treten zu lassen. Dies rührt daher, daß die Nadel das Bestreben hat, immer senkrecht zur Anlage bei geneigter Lochachse zu laufen. Durch den auftretenden einseitigen Druck, hervorgerufen durch die Beanspruchung der Zähne sowohl bei *a* wie bei *b*, wird die Nadel auf Biegung beansprucht. Dadurch kann sie krumm werden, immer aber wird das Arbeitsstück Ausschuß sein.

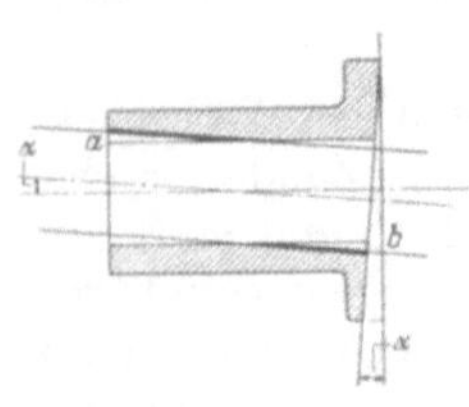

Abb. 12. Schiefe Auflage.

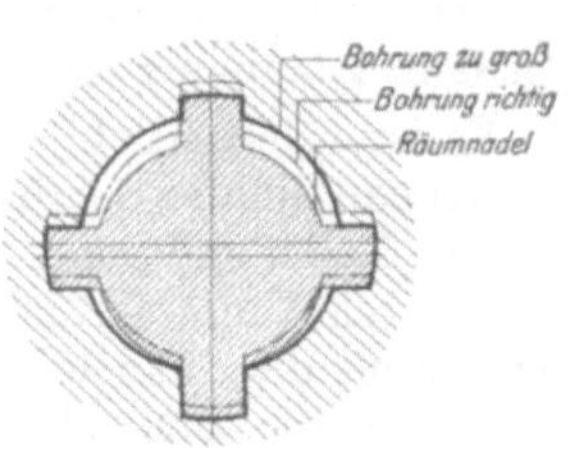

Abb. 13. Zu große Bohrung.

Derselbe Fall tritt auch ein, wenn die Bohrung bei der Vorbearbeitung zu groß gedreht wird, und zwar in der Hauptsache bei Form- und Nutennadeln. Man tut also gut, die zu groß gebohrten Werkstücke vom Räumen auszuschließen, damit die Räumnadel nicht unnötig in Gefahr gebracht wird. Tritt bei einem zu groß gebohrten Loch dieser eben beschriebene Fall nicht ein, so ist sehr wahrscheinlich, daß die Form einseitig eingeräumt wird. Es gibt dann, wie in Abb. 13 übertrieben gezeigt, unbrauchbare Formen. Zwar kann hier etwas Abhilfe geschaffen werden, wenn man die Nadel ein zweites Mal durchlaufen läßt, aber das kann nur auf Kosten der Genauigkeit geschehen.

Andererseits darf das Werkstück nicht zu stramm auf die Aufnahme der Räumnadel passen, weil hierdurch ein Festfahren der Räumnadel begünstigt wird. Das Werkstück wird zweckmäßig mit einer Toleranz von ISA H7 vorgebohrt, der Aufnahme der Räumnadel die Toleranz ISA g6 gegeben. Ständig muß der erste Zahn der Nadel bereits in die Bohrung hineingehen, da sich sonst während des Befestigungsvorganges das Werkstück verdreht und dadurch Ausschuß entstehen, unter ungünstigen Umständen auch die Räumnadel verdorben werden kann.

Ein Werkstück fertig zu bearbeiten und dann erst zu räumen ist ein unzweckmäßiges Verfahren. Wenn auch durch saubere Aufnahme des Werkstückes für gute Zentrierung gesorgt ist, so wird doch in den weitaus meisten Fällen wieder ein geringer „Schlag" auftreten, der nicht überall zulässig ist. Es sei hier nur an Getrieberäder erinnert, die dann unruhigen Gang ergeben würden. Entschieden vorteilhafter ist es deshalb, die Werkstücke erst nach dem Räumen fertig zu bearbeiten, weil dann die maßhaltige Bohrung als Aufnahme und zu weiteren Messungen benutzt werden kann. Der etwa vorhandene „Schlag" wird dann durch die nachträgliche Bearbeitung entfernt.

Sind Aussparungen in der Bohrung vorgesehen, so ist darauf zu achten, daß sie vor dem Räumen da sind. In den meisten Fällen werden die Räumnadeln so ausgebildet, besonders bei langen Löchern mit Aussparungen, daß die Spankammern (vgl. Abschn. 13) einen aus zwei „Locken" bestehenden Span aufnehmen können. Wird nun die Aussparung nicht mit vorgearbeitet, so bildet sich ein einziger, bedeutend längerer Span und verstopft die Spankammer. Die Folge davon ist vergrößerte Reibung beim Räumen und unter Umständen Hängenbleiben der Räummaschine.

Das bereits weiter oben angeführte nochmalige Durchlaufenlassen der Räumnadel besonders bei Werkstücken mit dünnen, unterschiedlichen Wänden ist auch dann zu empfehlen, wenn das Werkstück sehr lang ist. Beim Räumen langer Löcher treten Spannungen des Werkstoffes hervor, deren Wirkung auf diese Weise etwas ausgeglichen werden kann. Praktisch wird dabei so verfahren, daß auf der Räumnadel eine Markierung angebracht wird, die die Stellung des Werkstückes beim ersten Arbeitshub etwa durch Kreidestrich angibt. Bei symmetrischem Formloch entfernt Umschlagen des Werkstückes um 180° beim nochmaligen Arbeitshub die durch Werkstoffspannungen entstandene Veränderung der Bohrung.

II. Das Innenräumwerkzeug.

A. Aufbau der Räumnadel.

7. Die Teile der Räumnadel. Eine Räumnadel ist nur für die Form benutzbar, für die sie angefertigt ist; das Profil zu ändern oder verschiedene Formen mit einer Nadel herzustellen, ist nicht möglich. Bei Nutenziehmessern können zwar durch Unterlegen von Paßstücken tiefere Nuten geräumt werden, doch sind diese Fälle als Ausnahmen anzusehen.

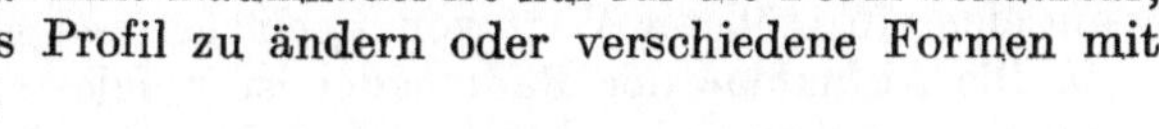

Abb. 14. Die Teile der Räumnadel (nach DIN 1415). *a* Schaft, *b* Aufnahme, *c* Zahnung, *d* Führungsstück, *e* Endstück.

Die ganze Länge der Räumnadel ist nach Abb. 14 in fünf Abschnitte geteilt, nämlich: *Schaft*, *Aufnahme*, *Zahnung*, *Führungsstück*, *Endstück*. Diese Begriffe sind nach Din 1415 genormt.

8. Der Räumnadelschaft wird schwächer gehalten als das vorgebohrte Loch des Werkstückes. Die Art der Verbindung von Werkzeug und Ziehkopf der Maschine richtet sich nach Größe und Art des Werkzeugs und der Konstruktion der Maschine (Abb. 15). Für Deutschland sind die Ausbildung und die Maße von Schaft und Endstück nach Din 1415, Blatt 1⋯6, genormt. Bei Befestigung der Nadel durch Keil muß der Schaft gut in die Futterhülse passen, da sonst die Nadel schiefgestellt und zerbrochen werden kann. Der schwächste Querschnitt ist am Keilloch bzw. an der Mitnehmerfläche; er muß auf Zugbeanspruchung nachgerechnet werden, wobei die ungünstigsten Verhältnisse anzunehmen sind.

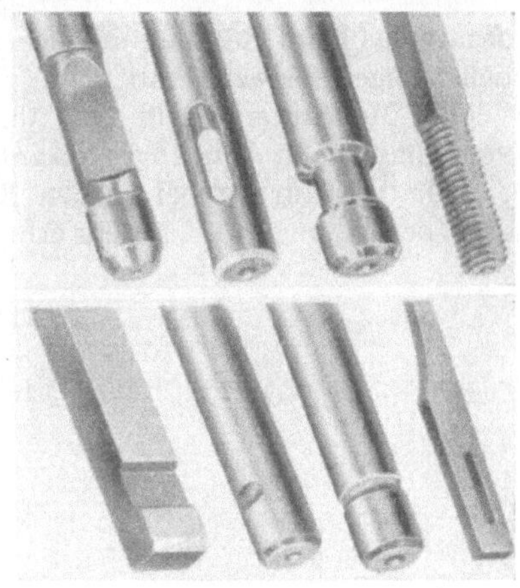

Abb. 15. Ausführungsformen von Räumnadelschäften amerikanischer Ausführung.

Bedeutet

q = Spanquerschnitt in mm² für 1 Zahn,

n_{max} = größte gleichzeitig in Eingriff stehende Zähnezahl,

F = Querschnitt des schwächsten Schaftquerschnitts in mm²,

k_s = für den mm² Spanquerschnitt notwendige spezifische Hauptschnittkraft (der beistehenden Tabelle zu entnehmen),

Zahlentafel der spezifischen Hauptschnittkraft in Kilogramm für 1 mm² Querschnitt.

Werkstoff		k_s (kg/mm²)	bei optimaler Spantiefe von mm
Grauguß	weich	120	0,1—0,25
	hart	200	0,06
Temperguß		150	0,1
Stahlguß		180	0,1
Stahl	mittl. Festigkeit	260—340	0,06—0,03
	zähhart	350—440	0,03
Messing	Guß	80	0,25
	warmgepreßt	120	0,1—0,25
Gußbronze, zäh		100	0,1—0,25
Aluminium-Legierungen		100—120	0,25—0,1

so ist die Spannung σ_z im engsten Querschnitt des Schaftes

$$\sigma_z = \frac{k_s q n_{max}}{F} \text{ in kg/mm}^2.$$

Sie muß unter der zulässigen Spannung des Werkzeugmaterials liegen.

Es ist zu beachten, daß die Schnittkraft bei gleichem Span*querschnitt* und gleichem Werkstoff veränderlich ist, und zwar ist sie um so größer, je dünner der einzelne Span ist. Es wird also für große Spantiefen ein kleinerer und für geringe Spantiefen ein größerer Wert von k_s einzusetzen sein.

9. Die Aufnahme der Räumnadel ist mindestens so lang zu wählen wie die Länge des zu räumenden Loches. Dabei ist zu berücksichtigen, daß stets der erste Zahn der Räumnadel mit zur Aufnahme gerechnet wird. Ihre Form richtet sich nach dem vorgearbeiteten Werkstück, bei „Satzwerkzeugen" muß die Aufnahme des folgenden Werkzeugs immer das Profil des letzten Zahnes des vorhergehenden Werkzeugs haben. Sie muß nach ISA g6 bearbeitet sein. Das vorgebohrte Loch muß die Toleranz H7 aufweisen, damit das beim Räumen unvermeidliche Abweichen des Werkzeugs sich in möglichst engen Grenzen hält.

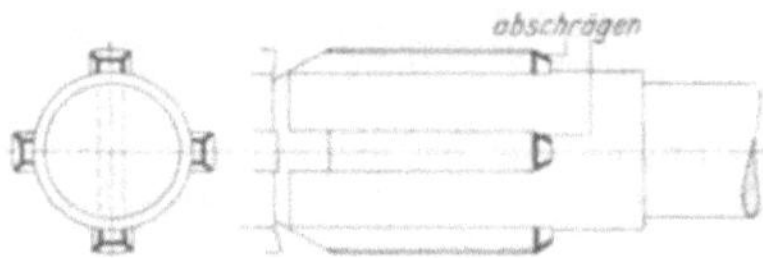

Abb. 16. Ausbildung der Führung bei der 2. und 3. Nadel eines Werkzeugsatzes zur Herstellung von Mehrkeilnuten.

Bei Mehrnutennadeln und ähnlichen rundet oder schrägt man die Führung vorteilhaft nach Abb. 16 ab, damit das Werkstück leicht aufgesteckt werden kann.

10. Ölzuführung bei großen Räumlängen. Für Löcher von großer Länge ist ganz besonders gute Kühlung erforderlich. Bei genügend großem Kernquerschnitt der Nadel ist diese zu durchbohren und das Ende des Loches mit einem Schnellverschluß nach Abb. 17 zu versehen. Damit das eingeführte Öl nicht umherspritzt, wird an der Maschine ein Schutzblech angebracht.

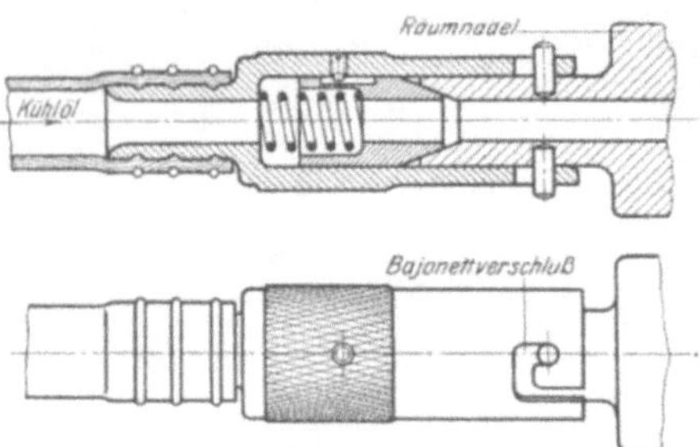

Abb. 17. Schnellverschluß für Ölzuführung.

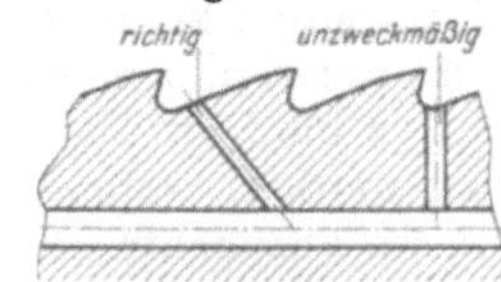

Abb. 18. Ölkanäle.

Die Ölkanäle zu den Zahnlücken bohrt man schräg ein (Abb. 18). Es wird dadurch der Kernquerschnitt der Nadel weniger geschwächt, als wenn die Ölkanäle rechtwinklig zur Achse der Nadel eingebohrt würden. Bei Räumnadeln, die durch Dreharbeit geformt werden, genügt es, wenn in jedem Schneidring nur ein Ölloch gebohrt wird, denn das unter Druck eingeführte Öl durchläuft den als Ringkanal wirkenden Spanraum und benetzt dadurch die Schneiden genügend. Versetzen der Schmierkanäle von Zahn zu Zahn um einen beliebigen Zentriwinkel wirkt günstig auf den Gesamtquerschnitt der Nadel.

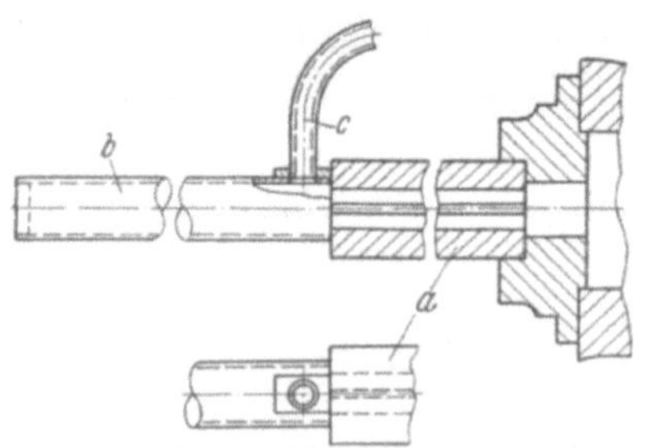

Abb. 19. Ölbad zum Schmieren des Werkstückes bei großen Räumlängen (Forst). *a* Werkstück, *b* Rohr zur Aufnahme der Schmierflüssigkeit, *c* Zuführungsrohr für Schmierflüssigkeit.

Läßt der geringe Querschnitt das Bohren von Ölkanälen nicht zu, so kann durch Anordnung eines Ölbades vor dem Werkstück die verstärkte Schmierung und Kühlung des Werkzeugs gesichert werden (Abb. 19).

11. Gestaltung des Räumwerkzeugs in Sonderfällen. Flachnadeln mit geringem Kernquerschnitt führt man vorteilhaft mit versetzten Zähnen aus (Abb. 20). Dadurch wird der Querschnitt etwas verstärkt.

Abb. 20. Versetzte Zähne.

Auch die *Schrägverzahnung* für Flachnadeln, Abb. 42, Abschnitt 22, trägt wesentlich zur Verstärkung des tragenden Querschnittes bei, weshalb besonders bei schwachen Nadeln die Zähne schräg gestellt werden sollten. Die Schrägverzahnung ergibt sehr saubere Schnitte, da hierbei der Werkstoff gewissermaßen abgeschält wird, weil die Zähne durch den Anstellwinkel besser in das Material eindringen können.

Vierkantnadeln werden so ausgeführt, daß die errechnete oder sonstwie bestimmte Teilung dort vorhanden ist, wo die Zerspanung stattfindet, nämlich in den Ecken. Die Schneidenwinkel müssen ebenfalls an diesen Stellen vorhanden sein. Die nur zur Führung dienenden Seiten der Vierkante sind zweckmäßig nicht parallel zur Achse anzunehmen, sondern vielmehr mit ganz schwachen Rückenwinkeln zu versehen, damit durch diese Anordnung die Seiten leicht geglättet werden.

Beim Räumen von Arbeitsstücken mit *kegeliger* Vierkantbohrung (Abb. 21) verfährt man wie folgt: Die kegelige Bohrung wird so weit vorgearbeitet, daß das Maß über die Flächen gemessen bereits um einige Zehntel mm überschritten wird. Es ist dann nach dem Fertigräumen die Rundung noch zu sehen. Da eine kegelige Form dieser Art in 4 Zügen hergestellt werden muß und bei jedem Zug nur eine Ecke mit der Räumnadel Abb. 22 hergestellt werden kann, ist die größere Bohrung unerläßlich. Sie dient zur Aufnahme auf dem runden Kegeldorn, der mit einer Längsnute zur Führung der Nadel versehen ist. Geräumt wird hierbei unter Benutzung einer Teilvorrichtung, da sonst Ungenauigkeiten im Werkstück auftreten.

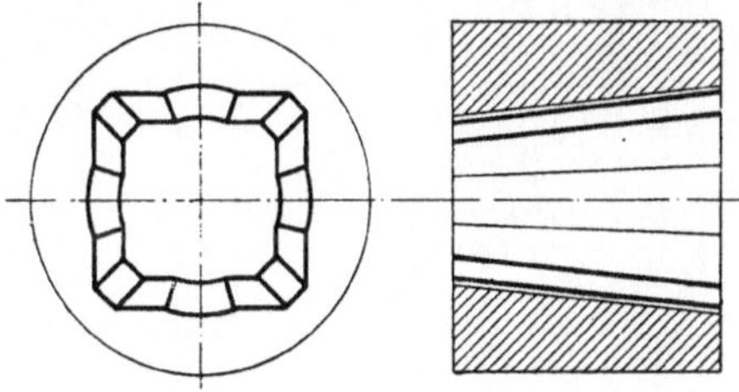

Abb. 21. Kegelige Vierkantbohrung.

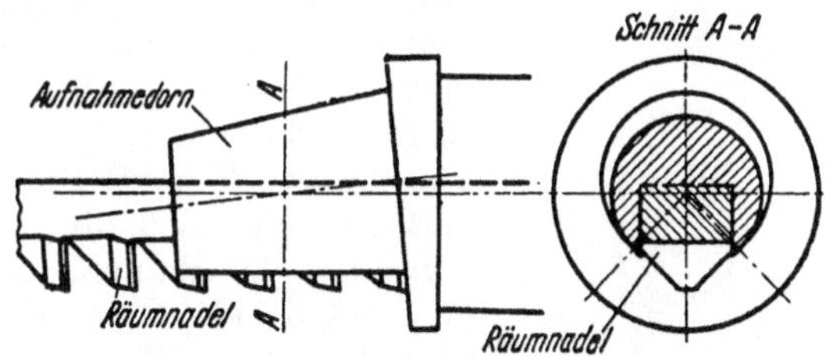

Abb. 22. Herstellung des kegeligen Vierkants.

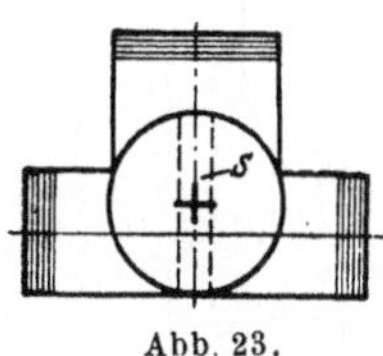

Abb. 23. Schwerpunktslage.

Bei der Konstruktion der Nadeln ist bei allen stark *unsymmetrischen und unregelmäßigen* Formlöchern auf den Schwerpunkt des Querschnittes möglichst Rücksicht zu nehmen, da sonst beim Räumen Schwierigkeiten auftreten, die sich durch Verbiegen der Nadel zeigen. Abb. 23 zeigt ein Beispiel. Der runde Schaft ist hier so angeordnet, daß er, wenn auch nur angenähert, im Schwerpunkt der Endform liegt. Dadurch ist bei der Bearbeitung vom runden Loch aus eine einfache Führung der Nadel geschaffen.

Um bei Räumnadeln, die zur Herstellung runder Bohrungen dienen, das *Abwandern* zu unterbinden, werden zwischen den Zähnen nochmals Führungen angeordnet. In Abb. 24 sind die Zähne in Gruppen von 3⋯6 Stück je nach Länge der Bohrung unterteilt, und zwischen je zwei Gruppen befindet sich die Führung. Diese erhält denselben Durchmesser wie der vorhergehende Zahn und ist sauber und genau auszuführen. Damit nicht kleine Späne zwischen Lochwand und Räumnadelführung kommen und dadurch die Bohrung beschädigen, sind flache, schmale Spanfangnuten spiralig anzuordnen. Die Steigung der Spirale ist dabei gleich der Führungslänge. Andere Mittel zur Verhinderung des Abwanderns von Räumnadeln zur Herstellung runder Bohrungen siehe w. u. Abschnitt 22.

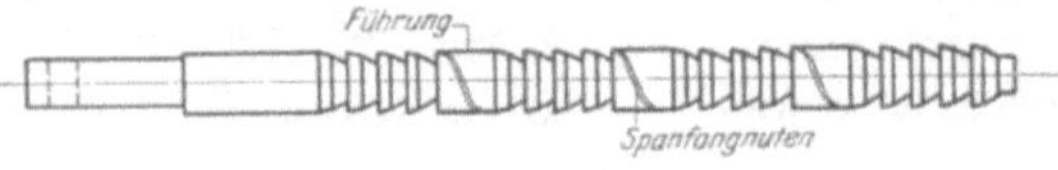

Abb. 24. Zwischenführungen.

B. Die Verzahnung der Räumnadel.

12. Allgemeines über die Verzahnung. Die Verzahnung einer Räumnadel ist abhängig von der Länge des zu räumenden Loches und von der Beschaffenheit des Werkstoffes. Bei der ersten Überschlagsrechnung der Maße einer Nadel bestimmt man zuerst den Zahnabstand, wofür im nächsten Abschnitt eine aus der Erfahrung abgeleitete Faustformel gegeben ist. Darauf wird die Art der Staffelung und die erfahrungsgemäß zulässige Spandicke, = Dicke der abgehobenen Werkstoffschicht je Zahn, gewählt. Durch einfache Rechnung läßt sich dann die Zähnezahl ermitteln, ebenso die Gesamtlänge der Zahnung. Dabei ist zu beachten, daß für das Zahnungsende einige Kalibrierzähne hinzugerechnet werden müssen. Nach Hinzufügen der Längen von Schaft, Aufnahme, Führungsstück und Endstück läßt sich beurteilen, ob die Gesamtlänge der Räumnadel sich in erträglichen Grenzen hält oder aber übermäßig groß wird, was nicht erwünscht ist, weil sowohl beim Härten des Werkzeugs als auch beim Arbeiten auf der Räummaschine Schwierigkeiten auftreten können, die besser durch Unterteilung der schneidenden Länge vermieden werden. Daraus ergeben sich oft zwei und mehr Nadeln, was zwar nicht immer billiger ist,

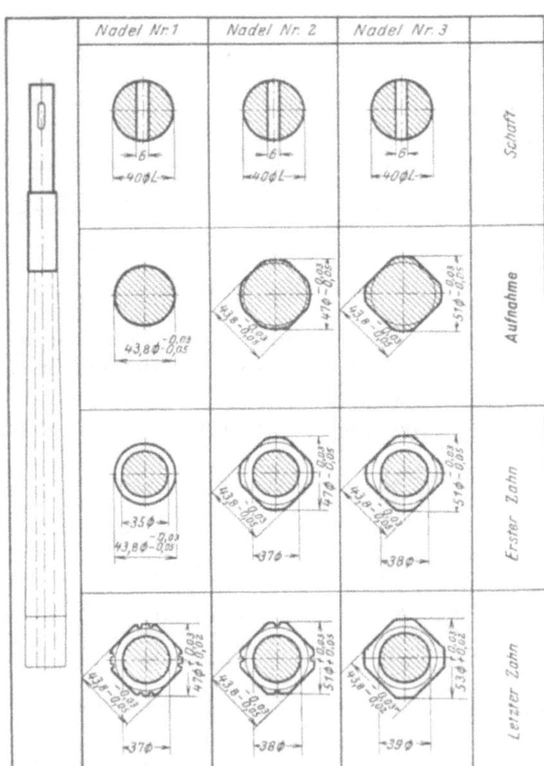

Abb. 25. Beispiel eines Vierkantnadelsatzes.

dafür aber um so betriebssicherer. In der Regel ist die höchstzulässige Länge der Nadel ein bestimmtes, durch den Hub der Maschine begrenztes Maß. Bei Räumnadelsätzen sind nur die jeweils letzten Nadeln mit Kalibrierzähnen zu versehen. Abb. 25 zeigt die Querschnitte eines dreiteiligen Räumnadelsatzes für ein Vierkantloch mit abgerundeten Ecken. Es ist hieraus auch zu ersehen, daß die Aufnahmen von Nadel 2 und 3 schwächer als die letzten Zähne der vorhergehenden Nadeln sind.

Der bisher angegebene überschlägige Rechnungsgang führt oft mit dem ersten Ergebnis nicht zum Ziel. Man weiß noch nicht, ob der entstehende Spanraum groß genug ist, um die abgehobenen Späne eines Zuges in sich aufzunehmen. Auch muß oft, in der Hauptsache bei dünnen Räumnadeln, die Teilung vergrößert werden, weil sonst der Kernquerschnitt zu klein wird und die Zugbeanspruchung nicht aushalten kann. Dadurch wird die Gesamtlänge der Nadel anders und das erste Rechnungsergebnis ist hinfällig. Umgekehrt kann aber bei genügend starkem Kernquerschnitt der Nadel durch Verkleinerung der Teilung und entsprechender Vergrößerung der Zahnhöhe an Räumnadellänge gespart werden, was oft große Ersparnisse an Nadelwerkstoff und Stückzeit bringt. Das Konstruktionsziel muß jedoch in allen Fällen die *ungehemmte Aufnahme* der gesamten anfallenden *Späne in den Zahnlücken* bleiben.

13. Teilung der Zahnung. Bedingung ist, daß mindestens zwei Zähne im Eingriff stehen. Für Ausnahmefälle ist es zulässig, nur einen Zahn ständig arbeiten zu lassen, und zwar dann, wenn es sich um ganz kurze Bohrungen handelt. Dann ist in der weiter unten angeführten Weise zu verfahren. Besser ist es natürlich, wenn mehrere Zähne gleichzeitig arbeiten, denn dann ist größere Sauberkeit und auch größere Genauigkeit gewährleistet. Man hat deshalb die Teilung t von der Lochlänge L abhängig gemacht und damit bisher gute Ergebnisse erzielt. Die aus der Erfahrung abgeleitete *Faust*formel für die *überschlägige* Bestimmung der Teilung lautet:

$$t = 1{,}7 \text{ bis } 1{,}8\sqrt{L} \quad (\textit{Maße in mm}).$$

Diese Teilung muß vor der endgültigen Konstruktion des Werkzeuges oder des Werkzeugsatzes noch

1. auf genügende Größe des Spanraumes,
2. auf Festigkeit der Nadel oder Nadeln,
3. auf ausreichende Zugkraft der Maschine

hin nachgerechnet werden (s. w. u.)

Als Länge L ist die gesamte, zu räumende Lochlänge zu rechnen, also bei ausgesparter Bohrung (Abb. 27) $L = l_1 + l_2$ zu setzen. Dies ist für Späne, die beim Ab-

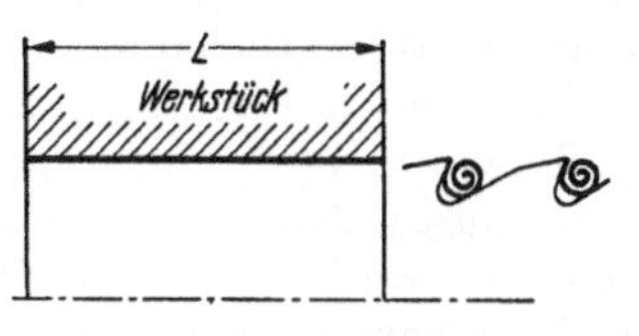

Abb. 26. Spanbildung bei durchgehenden Bohrungen.

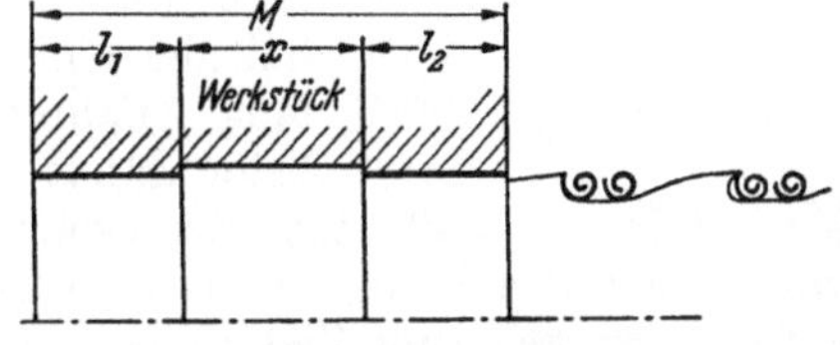

Abb. 27. Spanbildung bei unterbrochenen Bohrungen.

heben „Locken“ bilden, besonders zu beachten, denn bei durchgehender Bohrung bildet sich nur eine einzige Rolle, die entsprechend kurze Teilung, dafür aber größere Spanraumtiefe erfordert (Abb. 26); ist dagegen die Bohrung ausgespart, so bilden sich zwei Spanrollen, die eine größere Teilung notwendig machen. Dafür kann dann die Zahnhöhe geringer gehalten werden. In Abb. 27 ist die Lage der beiden Spanlocken in der Spankammer angegeben.

Die Teilung der Nadel kann aus herstellungstechnischen Gründen nicht unter ein Mindestmaß gebracht werden. Bei kurzen Bohrungen hilft man sich durch Vergrößerung der Teilung und gleichzeitiges Räumen von mehreren Werkstücken. An einem einfachen Beispiel soll diese Arbeitsweise gezeigt werden. Wie bereits früher angegeben, muß ständig mindestens *ein* Zahn im Eingriff stehen, weil sonst das Werkstück beim Austritt des Zahnes aus der Bohrung zwischen die Schneiden fällt und diese beschädigt. Hieraus ergibt sich für das Werkstück Abb. 28 mit 3 mm Räumlänge *ohne* Benutzung der Teilungsgleichung eine Räumnadelteilung von $t \leqq 1{,}5$ mm, die sich natürlich ihrer Kleinheit wegen nur schwer herstellen ließe. Deshalb muß die Teilung auf das Mehrfache vergrößert werden, und bei jedem Zuge sind zwei Arbeitsstücke zu räumen, die unter Zwischenlegen einer Paßhülse auf einen Dorn gesteckt werden (Abb. 29). Durch diese Anordnung von Räumnadel und Werkstück läßt sich in den meisten Fällen eine Lösung finden.

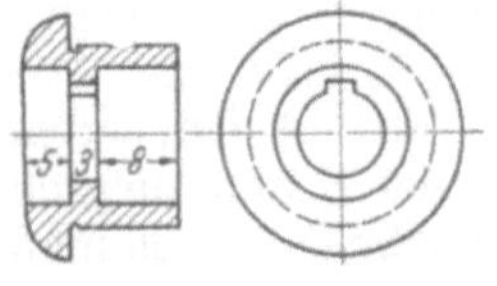

Abb. 28. Kurze Bohrung.

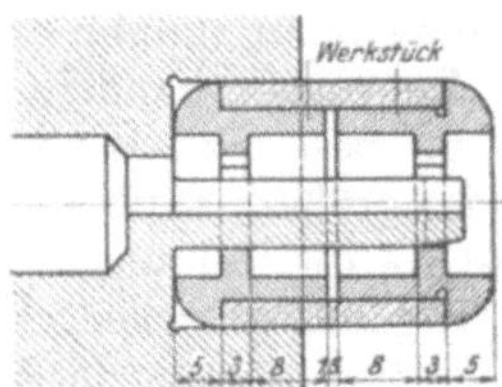

Abb. 29. Räumen kurzer Bohrungen.

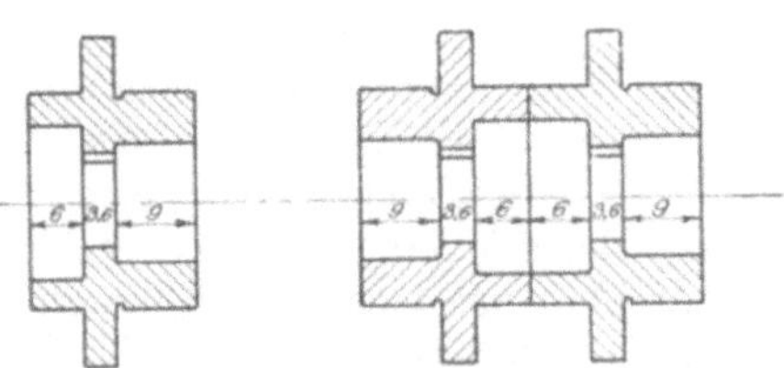

Abb. 30. Werkstücke, an denen der Zahneingriff nach Abb. 31 überprüft wird.

Um nachprüfen zu können, ob auch wirklich ständig ein Zahn arbeitet, bedient man sich des nachstehend beschriebenen einfachen Verfahrens, das jede umständliche Rechnung vermeidet. Das Werkstück Abb. 30 habe eine Räumlänge von nur 3,6 mm, so daß also auch wieder zwei Teile gleichzeitig zu räumen sind, die zweckmäßig in der angegebenen Art aufeinandergelegt werden. Man zeichnet nun die Werkstücke in dieser Stellung schematisch auf, möglichst vergrößert (Abb. 31). Auf einen Papierstreifen wird die dann gewählte Teilung im selben Maßstab aufgerissen, und so, den wirklichen Verhältnissen entsprechend, an der Werkstückskizze entlang gefahren. Wenn dabei der Fall eintritt, daß beide Zähne zugleich, und zwar etwa der eine bei A und der andere bei B aus dem Werkstück heraustreten, dieses also dadurch in die Spankammern fallen kann, so muß die Teilung verbessert werden. Dieses Verfahren führt rascher zum Ziel als jede rechnerische Untersuchung, die umständlich und langwierig ist.

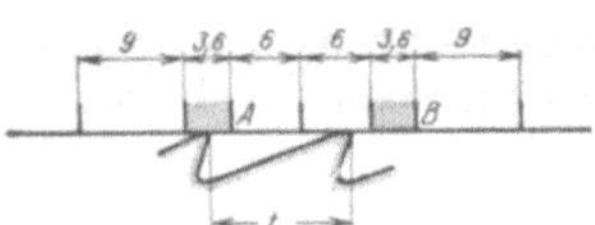

Abb. 31. Zeichnerische Überprüfung des Zahneingriffs.

Kontrollrechnungen für die Teilung:

1. *Überprüfung der Aufnahmefähigkeit des Spanraums*

$$t \sim 3\sqrt{l \cdot a \cdot x}$$

wobei l = Länge der zu räumenden Bohrung
a = Spanabnahme je Zahn (Zahlenwerte: Zahlentafel Seite 23)
$x = 3 \cdots 4$ (schruppen), sowie 6 (schlichten) für spröde, bröckelnde Werkstoffe,
$4 \cdots 7$ (schruppen), sowie 8 (schlichten) für zähe, langspanende Werkstoffe,
(niedrige Werte für stärkere, höhere Werte für dünnere Spanschichten)

x gibt an, um wievielmal mehr Raum der zerspante Werkstoff im Verhältnis zum unzerspanten einnimmt.

2. *Überprüfung der Nadelfestigkeit*:

$$t = \frac{k_s \cdot a \cdot b \cdot l}{F \cdot \sigma_{z\,zul.}},$$

wobei k_s = die für den mm^2 Spanquerschnitt notwendige spezifische Hauptschnittkraft (s. Zahlentafel Seite 11)
a = Spanabnahme je Zahn (s. Zahlentafel Seite 23)
b = Breite der Spanschicht
l = Länge der zu räumenden Bohrung
F = schwächster Querschnitt der Räumnadel
$\sigma_{z\,zul}$ = zulässige Zugspannung des Werkzeugmaterials.

3. *Überprüfung der ausreichenden Zugkraft der Maschine:*

$$t = \frac{k_s \cdot a \cdot b \cdot l}{P},$$

wobei k_s = die für den mm^2 Spanquerschnitt notwendige spezifische Hauptschnittkraft (s. Zahlentafel Seite 11)
a = Spanabnahme je Zahn (s. Zahlentafel Seite 23)
b = Breite der Spanschicht
l = Länge der zu räumenden Bohrung
P = Ausnutzbare Kraft der Maschine = $0{,}7\,P_{max}$ (30% Abzug für die bei der Schneidenabstumpfung steigende Hauptschnittkraft).

Die zu wählende Teilung muß in jedem Falle die unter 1. bis 3. ermittelten Werte der Mindestteilung erreichen oder überschreiten.

Um beim Räumen Rattermarken zu vermeiden, wird die Teilung ungleichmäßig ausgeführt. Eine Räumnadel mit genau gleicher Teilung erzeugt Schwingungen. Tritt z. B. ein Zahn aus dem Werkstück heraus, so wird die Maschine etwas entlastet; der nächste nun eintretende Zahn nimmt also seine Arbeit mit vergrößerter Geschwindigkeit auf. Hierdurch entsteht ein Stoß, durch den die Geschwindigkeit der Maschine wieder verringert wird. Sind dabei die Zahnabstände genau gleich groß, so wiederholen sich die Stöße immer im gleichen Zeitraum und an derselben Stelle des Werkstückes, erzeugen dadurch die Schwingungen, die sich nach ganz kurzer Laufstrecke der Räumnadel bereits so verstärken, daß sie als Erschütterungen fühlbar werden. Durch diese aber wird die Bohrung unsauber, d. h. es sind Rattermarken auf der bearbeiteten Fläche zu sehen, die die Güte der Werkstücke beeinträchtigen. Durch geringe Teilungsunterschiede werden diese Schwingungen unterbrochen, so daß die Rattermarkenbildung unterbleibt. Dieselben Verhältnisse finden sich bekanntlich beim Reiben, wo ebenfalls durch ungleiche Teilungswinkel der Reibahlenzähne die Bildung von Rattermarken unterbunden wird.

Es genügt, wenn die Teilung der Nadel von Zahn zu Zahn um $0{,}1 \cdots 0{,}5$ mm wächst, und zwar je nach ihrer Größe. Dabei ist nur notwendig, diese Zunahme der Teilungslängen auf die größte in Eingriff befindliche Zähnezahl auszudehnen. Darauf kann mit derselben Anzahl der Zähne das Spiel wiederholt werden.

Für eine Lochlänge von 80 mm mit der größten gleichzeitig arbeitenden Zähnezahl von 6 ist die Teilung beispielsweise auszuführen:

Teilung	1	2	3	4	5	6	7	8
mm	13,5	13,6	13,7	13,8	13,9	14,0	13,5	13,6 usw.

Es genügt auch schon, die Teilungsänderung auf Gruppen von nur je 3 Zähnen anzuwenden, wodurch die Herstellung der Nadel vereinfacht wird.

14. Die Zahnhöhe ist unmittelbar abhängig von der Teilung und damit mittelbar von Werkstoff und Räumlänge des Werkstücks.

Bei größeren Teilungen wählt man geringere Zahnhöhe und umgekehrt.

Als Zahnhöhe h (Abb. 32) wird gewählt:

$$h = 0{,}3 \cdots 0{,}4\, t,$$

worin t die Teilung der Räumnadel bedeutet. Für genügend starke Räumnadeln gibt dieser Wert gute Zahnform. Abb. 32 zeigt die Form normaler Zähne.

Abb. 32. Zahnabmessungen bei Normalteilung.

Bei besonders langen Löchern, bei denen die Beanspruchung des Nadelkernes zu groß wird, kann man sich durch Verminderung der Anzahl der im Eingriff stehenden Zähnezahl helfen (Abb. 33). Hier kann als Regel gelten:

Arbeitet die Räumnadel unter sehr günstigen Kühlungsverhältnissen, so geht man mit der gleichzeitig im Eingriff stehenden Zähnezahl nicht über 8 *Zähne*. Dabei ist angenommen, daß das Kühlmittel bereits durch den Kern der Nadel geführt wird und unmittelbar an die Schneiden gelangt oder daß die Räumnadel vor dem Eintritt in das Werkstück durch ein Ölbad gezogen wird (s. w. o. Abschn. 10).

Bei gewöhnlicher Aufschlagkühlung ist es notwendig, nicht über 6 *Zähne* zu gehen, da sonst die von jedem Zahn mitgenommene Ölmenge nicht ausreicht, diesen zu kühlen. Hier muß dann durch Vergrößerung der Teilung mit entsprechender Verringerung der Zahnhöhe ein Ausgleich geschaffen werden. Es verändert sich dann natürlich die Länge der Zahnung.

Abb. 33. Zahnmaße bei langen Teilungen.

15. Der Spanwinkel (Brustwinkel) ist von der Beschaffenheit des Werkstoffes abhängig. Bewährte Ausführungen haben die in nachstehender Tabelle angegebenen Spanwinkel γ ergeben (s. Abb. 32 und 33).

Zahlentafel. Zur Bemessung des Spanwinkels.

Werkstoff	Spanwinkel γ
Stahl, zähhart	10°···12°
Stahl, mittlere Festigkeit	14°···18°
Stahlguß	10°
Temperguß	7°
Grauguß, weich	10°
„ hart	5°···6°
Messing, weich	10°
„ hart	5°
Zinkspritzguß	12°[1]
Gußbronze	8°
Bleibronze, Weißmetall	2°
Aluminium-Spritzguß	20°[1]
Aluminium-Knetlegierungen (kupferlegiert)	15°
Aluminium-Gußlegierungen (siliziumlegiert)	12°[1]

[1] Zahnlücke besonders gut glätten!

16. Eine zur Werkzeugachse parallele Fase wird nur bei den Kalibrierzähnen angewetzt. Durch sie soll die Nadel nicht so schnell an Maßhaltigkeit verlieren, wenn durch Schleifen der Zahnbrust (Spanfläche) nachgeschärft werden muß. Sie darf jedoch nur wenige Zehntel mm breit sein, da sonst übermäßige Reibung zwischen Werkzeug und Werkstück auftritt und die Güte der erzeugten Oberfläche abnimmt. Die in früheren Veröffentlichungen empfohlene sog. Führungsfase für Schruppzähne wird heute nicht mehr angewandt, da sie sich bei den jetzt üblichen höheren Schnittgeschwindigkeiten und beim Räumen von Werkstoffen höherer Festigkeit als unzweckmäßig erwiesen hat. Lediglich beim Schlichten von Bleibronze und Weißmetall, also bei sehr weichen Werkstoffen, die gut zerspanbar sind und einen geringen Reibungskoeffizienten bei trockener Reibung auf Stahl haben, führt eine breite Fase von bis zu 3 mm zu hoher Oberflächengüte. Das Verlaufen von Rundnadeln, dem die Führungsfasen entgegenwirken sollten, läßt sich wesentlich wirksamer durch Sonderstaffelungen (s. w. u. Abschnitt 22) verhindern.

17. Der Freiwinkel wird so klein gewählt, wie es die Bearbeitbarkeit des zu räumenden Werkstoffs gerade noch zuläßt, um die Maßverringerung beim Nachschärfen der Zahnbrust so gering wie möglich zu halten. Erfahrungswerte sind

Stahl . . . . $= \frac{1}{2}^\circ \cdots 3^\circ$
Grauguß . . . . $= 2^\circ \cdots 5^\circ$
Messing u. Bronze . . . . $= \frac{1}{4}^\circ \cdots \frac{1}{2}^\circ$

Vielfach wird auch bei den ersten Zähnen der Nadel mit einem Freiwinkel von 3° begonnen und dieser dann bis zum letzten Zahn allmählich auf $\frac{1}{2}^\circ$ verringert.

18. Zerspanungsversuch zur Feststellung der optimalen Zahnausbildung. Die bisher gemachten Angaben über die Schneidenwinkel γ und α sind allgemeiner Natur. Da bei der Verschiedenheit der Werkstoffe, sowohl der Werkstücke als auch der Räumnadeln, die Möglichkeit von Fehlschlägen besteht, so ist es gut, die Schneidenwinkel durch Versuche zu überprüfen. Die Festigkeit des Werkstoffes allein genügt nicht, um den Zerspanungsvorgang richtig beurteilen zu können. Hauptsächlich sind es Härte, Dehnung und Gefüge der Werkstoffe, die die Spanbildung beeinflussen. Für diesen Versuch sind erforderlich:

1. Ein Stück des Werkstoffes, aus dem das Werkstück besteht.
2. Ein Stück des Werkstoffes, aus dem die Nadel angefertigt werden soll.
3. Eine Shaping- oder Hobelmaschine oder sonst eine für ziehenden Schnitt geeignete Maschine.

Zu 1: Die *Länge* des Probewerkstoffes sollte gleich derjenigen des fertigen Werkstückes sein, so daß der sich bildende Span nicht nur die Bearbeitbarkeit, sondern auch die Größe der sich bildenden Locke erkennen läßt. Der Werkstoff muß so gelegt werden, daß seine Faser in derselben Richtung zur Schneide liegt wie beim Räumen; andernfalls ist das Ergebnis ungenau oder überhaupt nicht brauchbar. Auch muß eine den wirklichen Verhältnissen entsprechende Fläche geschaffen werden.

Zu 2: Das Werkstoffstückchen der Räumnadel wird so vorgeschmiedet, daß es in das Stichelhaus der Maschine gut hineinpaßt. Es ist mit einer *den gegebenen Arbeitsverhältnissen entsprechenden Schneide* zu versehen. In Abb. 34 ist ein solcher Versuchsstahl abgebildet. Die Breite b der Schneide muß der wirklichen Schneidenbreite entsprechen, z. B. bei einer Nutennadel genau der Zahnbreite oder bei einer Rundnadel genau der Bogenlänge zwischen zwei Spanbrechernuten.

Zu 3: Die *Arbeitsgeschwindigkeit* wird der Schnittgeschwindigkeit beim Räumen angepaßt.

Sind alle diese Arbeiten vorbereitet, was in ganz kurzer Zeit ohne große Kosten geschehen kann, so wird nach Abb. 35 der Versuch durchgeführt. Die Zustellung der Spanstärke von Hand erfordert eine gewisse Geschicklichkeit, die man sich aber sehr schnell aneignet. Richtige Beobachtung des Zerspanungsvorganges ist Bedingung. Die Schmierung der Schneide muß ungefähr den Räumverhältnissen entsprechen. Verschiedentliche Veränderung der Schneidenwinkel wird bald zum gewünschten Ergebnis führen. Mit Hilfe dieses Versuches ist es möglich, alle erreichbaren Spanformen hervorzubringen, was für die Anfertigung der Räumnadel ungemein wichtig ist. Man spart hierdurch viel Mühe, Arbeit und Verdruß.

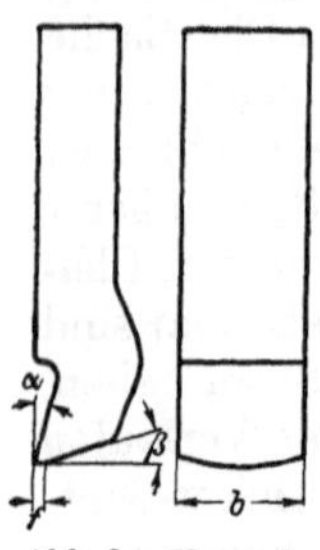

Abb. 34. Versuchsschneide.

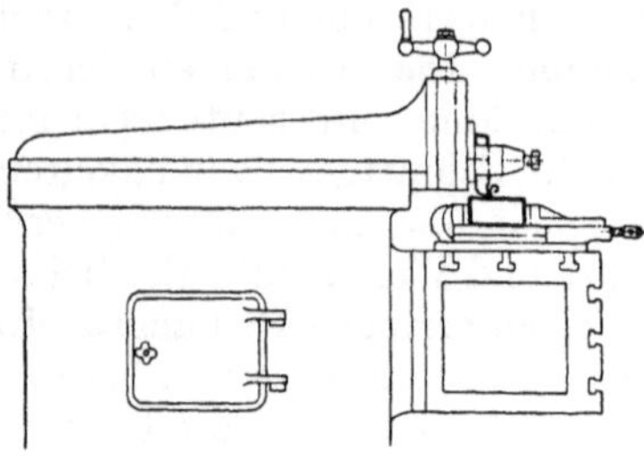

Abb. 35. Versuchsanordnung.

19. Die Abrundung des Zahnes am Fuße ist für normale Teilung anzunehmen mit:

$$r = 0{,}4 \cdots 0{,}6\, h \quad \text{(Abb. 32)}.$$

Dabei ist zu beachten, daß die kleineren Werte für Guß und bröckelig spanenden Werkstoff, die größeren Werte für in Locken spanenden Werkstoff gewählt werden. Unter allen Umständen vermeide man scharfeckige Ausarbeitung, denn diese führt stets zum Bruch der Nadel, mindestens aber zum Ausbrechen der Zähne.

20. Die Zahnrückenlänge ist nach Abb. 32 auszuführen mit

$$d = 0{,}3\, t,$$

bei besonders großer Teilung: $d = 0{,}25\, t$.

21. Das übrige Rückenstück läuft geradlinig oder schwach konkav vom Endpunkt des Zahnrückens tangential in die Abrundung des Zahnfußes aus. Bei langen Teilungen wendet man vorteilhaft eine Gerade unter einem Winkel von

$$\delta = 20 \cdots 30° \text{ an.}$$

22. Staffelung der Zahnung. Bei Richtung und Größe der Staffelung, die beim Räumwerkzeug durch die Maßzunahme von Zahn zu Zahn verkörpert sind, geht man so weit wie möglich auf die Dreh- und Rundschleifarbeit für die Nadelherstellung hinaus, denn die hierdurch erzielte Genauigkeit ist mit einfachen Mitteln zu erreichen. Hierdurch kommt man zur *Tiefenstaffelung*, bei der die Zähne senkrecht zur Werkstückwandung in diese eindringen.

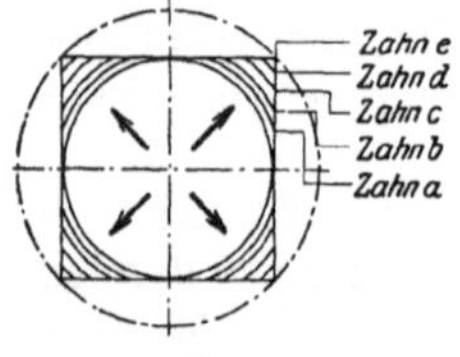

Abb. 36. Überleitung zur Vierkantform.

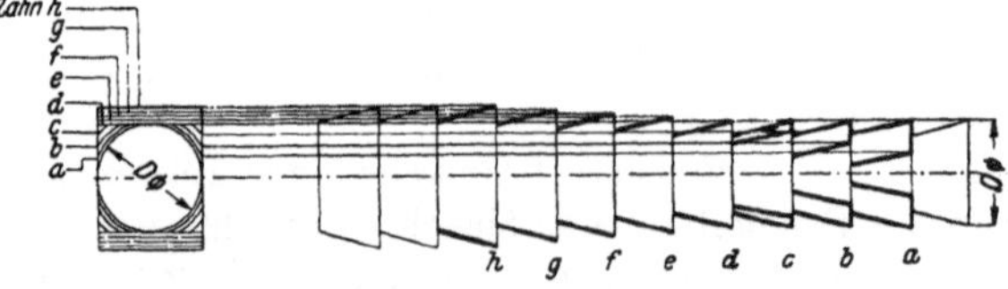

Abb. 37. Staffelung bei Rechtecklöchern.

Bei der Rundnadel ist die Zunahme von Zahn zu Zahn im allgemeinen gleichmäßig. Die Staffelung der Vierkantnadel ist aus Abb. 36 zu ersehen. Die Pfeile geben die Richtung der Maßzunahme der Zähne an, so daß, falls die Spanstärken gleichmäßig wären, die Spanquerschnitte wegen der geringeren Spanbreite abnehmen würden. Man gleicht dies teilweise durch veränderliche Zunahme der Spanstärke aus.

Sind rechteckige Löcher herzustellen, deren Seitenunterschiede nicht groß sind, so wird die Nadel nach dem Schema Abb. 37 ausgebildet. Die Zähne *a* bis *d* stellen erst das Vierkant her, die folgenden Zähne *e* bis *h* erweitern dieses nur nach einer Seite hin.

Auch bei der Bildung unregelmäßiger Profile geht man allgemein vom runden Querschnitt aus, denn hierdurch ergeben sich Erleichterungen bei der Herstellung des Werkzeugs. In den Abb. 38···40 sind einige Beispiele für die einfache Überleitung der runden Form in ein unregelmäßiges Profil gezeigt.

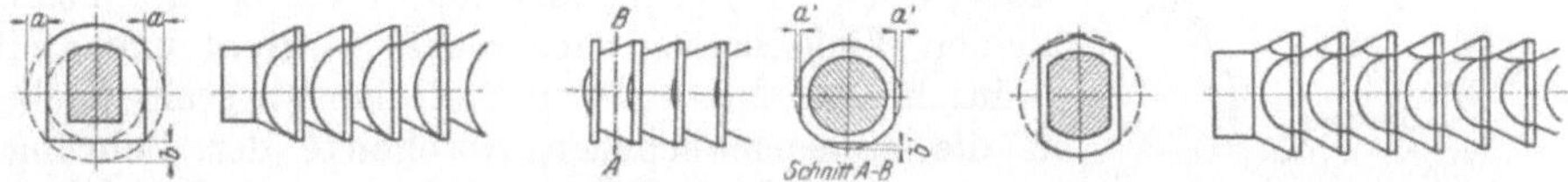

Abb. 38. Überleitung zur Form. Abb. 39. Überleitung zur Form. Abb. 40. Überleitung zur Form.

Bei Rechtecklöchern mit größeren Seitenunterschieden verwendet man vorteilhaft zwei oder mehrere Zahnungsfolgen verschiedener Staffelung, wobei diese Zahnungsfolgen entweder in einem Werkzeug aufeinanderfolgen oder auf verschiedene Werkzeuge verteilt sein können. Teilweise wird dann auch das Loch rechteckig vorgearbeitet. Ein Beispiel zeigt das Schema Abb. 41. Hier ist von einem vorgearbeiteten rechteckigen Loch ausgegangen und mit Zahnungsfolge 1 zuerst die lange Seite des Rechteckes erweitert worden und dann mit Zahnungsfolge 2 die kurze Seite des Rechtecks. Für besonders maßgenaue Durchbrüche ist dann noch eine dritte Zahnungsfolge erforderlich, die aber nur geringe Steigung hat, und zwar Zahn über Zahn auf der kleinen Rechteckseite, so daß die zwischenliegenden Zähne die lange Seite bearbeiten. Die Pfeile geben die jeweilige Bearbeitungsrichtung an. Die Zahnungsfolgen 1 und 2 haben Schrägverzahnung, damit sie besser schneiden. Die Schräge oder der *Anstellwinkel* beträgt etwa 15°···20° (Abb. 42) und zwar werden die Schrägen auf beiden Seiten entgegengesetzt gestellt, damit sich der beträchtliche Seitendruck aufhebt. Die Verzahnung der Zahnungsfolge 3 wird dagegen nach Abb. 43 rechtwinklig zur Werkzeugachse stehend ausgeführt.

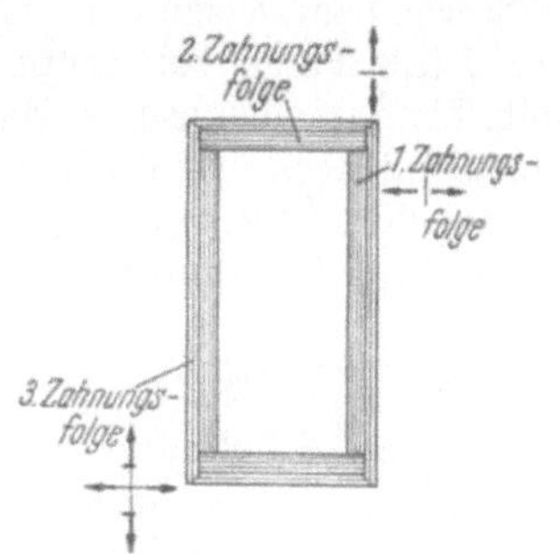

Abb. 41. Staffelung bei Rechtecksatznadeln.

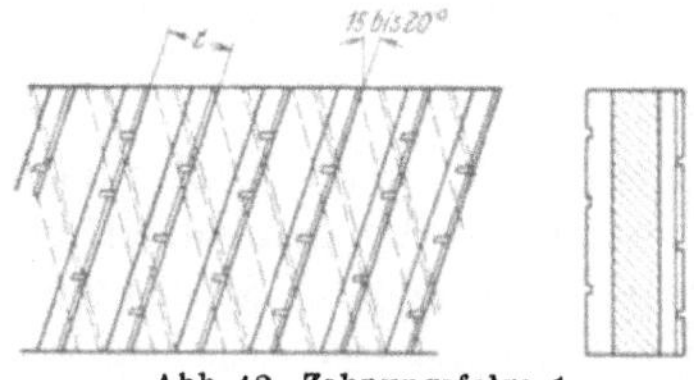

Abb. 42. Zahnungsfolge 1.

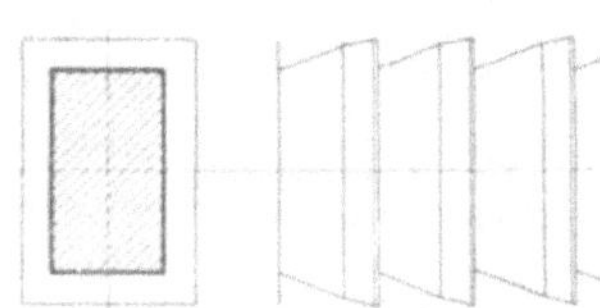

Abb. 43. Zahnungsfolge 3.

Beim Bearbeiten vorgegossener und warmgepreßter Löcher verschleißen Räumwerkzeuge mit Tiefenstaffelung schnell, weil die ersten Zähne auf die harte Guß- oder Schmiedekruste stoßen und die schwankende Materialzugabe ausgleichen müssen. Auch bei Räumwerkzeugen zur Herstellung runder Bohrungen befriedigt die Tiefenstaffelung nicht ganz, weil sie zum Verlaufen neigen. Durch die Verbindung von Tiefenstaffelung und *Seitenstaffelung* innerhalb der Zahnung hat man Wege gefunden, diese Schwierigkeiten zu überwinden. Die *Rundschneid-Staffelung* (Abb. 44) ordnet längs der Nadel mehrere Gruppen von Mehrkantzähnen an. Der erste Zahn jeder Gruppe dringt mit seinen Ecken senkrecht zur Bohrungswandung tief in das Werkstück ein; er hat also Tiefenstaffelung. Der nächste Zahn hat die gleichen Maße wie der erste Zahn, doch ist er um einen kleinen Winkelbetrag gegenüber dem ersten Zahn nach einer Seite hin, z. B. nach links, verdreht und greift dadurch von der Seite her an mehreren Stellen in die stehengebliebenen Abschnitte der Bohrungswandung ein. Der dann folgende Zahn hat ebenfalls die gleichen Maße, doch ist er gegenüber dem ersten Zahn um einen kleinen Winkelbetrag nach rechts verdreht und greift dadurch von der anderen Seite her an sechs Stellen in die stehengebliebenen Abschnitte der Bohrungswandung ein. Diese Seitenstaffelung, einmal nach links, das andere Mal nach rechts, wiederholt sich paarweise, bis eine geschlossene Wandungsschicht von der Dicke der Tiefenstaffelung des ersten Zahns der Gruppe abgetragen worden ist. Dann beginnt innerhalb der nächsten Gruppe der Wechsel von einem Tiefensprung und mehreren paarweisen Seitensprüngen von neuem, bis eine neue Schicht abgetragen ist. Diese Folge von gruppenweise angeordneten Mehrkantzähnen wird wiederholt, bis das gewünschte Endmaß der Bohrung nahezu erreicht ist. Dann werden zum Schlichten und Kalibrieren noch einige Zähne mit rundem Profil hinzugefügt.

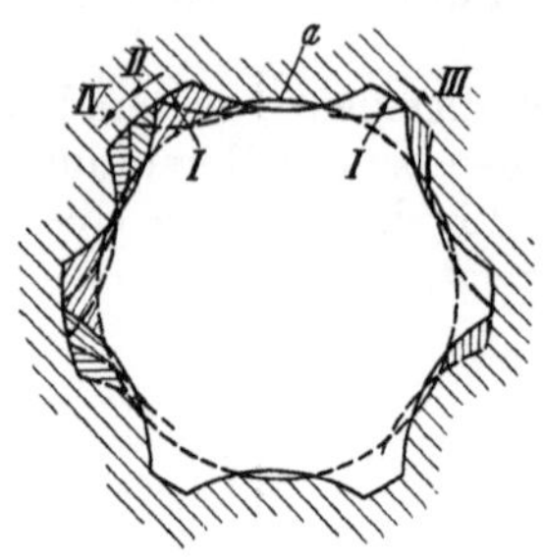

Abb. 44. Rundschneid-Staffelung. *a* Ausgangsbohrung, *I* Tiefenstaffelung des 1. Zahnes, *II* Seitenstaffelung des 2. Zahnes (nur an 2 Ecken des Zahnes gezeichnet), *III* Seitenstaffelung des 3. Zahnes (nur an zwei Ecken gezeichnet) usw.

Bei der *Überlapp-Staffelung* (Abb. 45) sind die beiden ersten Schneiden als Kränze spitzgezahnter Zähne ausgebildet, die gegeneinander versetzt sind. Die keilförmigen Zähne der zweiten Schneide stehen also, um die Teilung verschoben, in den Lücken des Zahnkranzes der ersten Schneide. Beide Kränze haben den gleichen Außendurchmesser und dringen verhältnismäßig tief in die Bohrungswandung ein. Die Zähne der dritten Schneide stehen hinter denen der ersten Schneide und die Zähne der vierten Schneide hinter denen der zweiten Schneide. Ihr Außendurchmesser ist nicht größer, doch sind sie nach beiden Seiten hin breiter und dringen so seitlich in das Werkstück vor. Für die folgenden Schneiden werden die Zähne paarweise immer breiter, bis die ganze Rundung der Bohrung überdeckt ist. Auch hier folgen einige Schneiden mit rundem Profil.

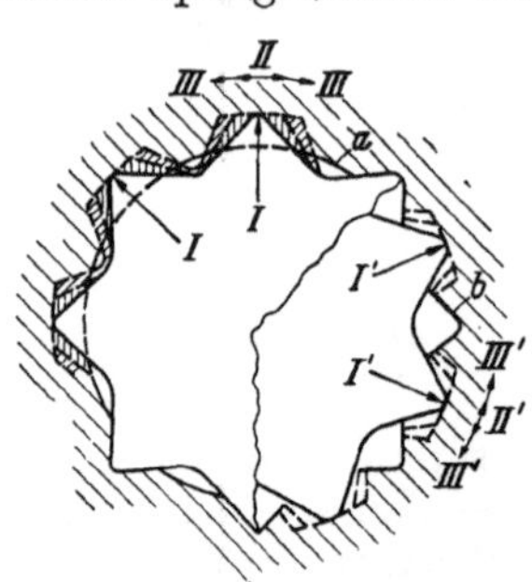

Abb. 45. Überlapp-Staffelung. *a* Ausgangsbohrung, *b* Nute, vom 1. Zahn eingearbeitet, *I* Tiefenstaffelung des 1. Zahnes, *II* beidseitige Seitenstaffelung des 3. Zahnes (nur an 3 Ecken gezeichnet), *III* Seitenstaffelung des 5. Zahnes, usw., *I'* Staffelung des 2., *II'* des 4., *III'* des 6. Zahnes usw.

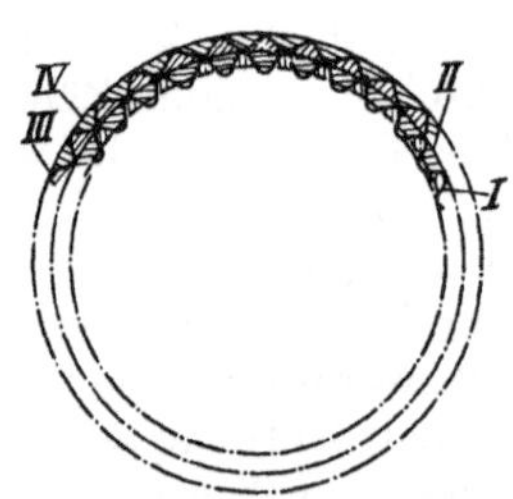

Abb. 46. Doppelsprung-Staffelung. *I.* 1. Zahn, genutet, *II.* 2. Zahn, rund, *III.* 3. Zahn genutet, *IV.* 4. Zahn rund.

Die *Doppelsprungstaffelung* hat nur Tiefensprünge (Abb. 46). Über den Verlauf der Zahnung hin wechselt immer eine als Zahnkranz ausgebildete Schneide mit einer kreisförmigen Schneide ab. Beide haben den gleichen Durchmesser. Paarweise dringen sie in Tiefenstaffelung in das Werkstück ein, wobei immer die erste Schneide des Paares auf dem Umfang der Bohrung Nuten einzieht und die zweite Schneide den dabei stehengebliebenen Werkstoff fortnimmt.

Erfahrungswerte für die optimale Spanabnahme je Zahn enthält folgende Zahlentafel:

Werkstoff	Spanabnahme je Zahn in mm		
	Tiefenstaffelung		Seitenstaffelung
	schruppen	schlichten	nur schruppen
Stahl, zähhart . . .	0,03···0,05	0,01	0,10—0,30
Stahl, mittl. Festigk. .	0,03—0,08	0,01	0,25—0,75
Stahlguß	0,06···0,10	0,01	0,25—0,75
Temperguß	0,06···0,10	0,01	0,25—0,75
Grauguß	0,10···0,25	0,01	0,30···1,00
Messing	0,10···0,30	0,01	nicht angewandt
Zinkspritzguß	0,10···0,25	0,02	,, ,,
Gußbronze	0,10—0,30	0,01	,, ,,
Aluminium - Knetleg. (kupferlegiert) . . .	0,10···0,20	0,02	,, ,,
Aluminium - Gußleg. (siliziumlegiert) . .	0,10···0,20	0,02	,, ,,

Werte für die Tiefenstaffelung (schruppen) gelten für Mehrfachnutennadeln. Für Rundräumnadeln werden etwa halb so große Spanabnahmen, für Einfachnutennadeln etwa doppelt so große Spanabnahmen gewählt. Untere Werte bei geringer Starrheit des Werkstücks, verlangter enger Maßtoleranz und hoher Oberflächengüte sowie bei kurzen Räumlängen.

23. Die Kalibrierzähne entsprechen im allgemeinen in der Teilung, der Zahnhöhe und dem Spanwinkel den übrigen Schneidzähnen, während der Freiwinkel kleiner genommen wird (0,5°···1°), um eine schabende Wirkung zu erzielen.

Zum Kalibrieren werden 4···6 Zähne benötigt, die alle das gleiche Profilmaß haben. Dadurch wird einmal eine Sicherheit für genaues Passen des Formloches gegeben, außerdem wird die Lebensdauer der Nadel verlängert. Würde man nur einen Zahn mit dem Genaumaß ausführen, so wäre die Nadel nicht mehr verwendbar, sobald dieser abgenutzt ist. Bei Anordnung mehrerer Genauzähne aber werden diese normalerweise der Reihe nach abgenutzt. Sobald der erste Kalibrierzahn seine Maßhaltigkeit verloren hat, übernimmt der nächstfolgende Zahn dessen Arbeit.

Bei der Bemessung der Kalibrierzähne sind nachstehende Angaben zu beachten. Sind Löcher mit irgendeiner „Passung" zu räumen, so werden die Abmessungen der Kalibrierzähne wie folgt bestimmt.

Es ist das Kleinstmaß der Zähne:

$$D = N + OA - T$$

Darin bedeutet: N = das Nennmaß des Werkstücks nach Din 7182, Bl. 1,
OA = Oberes Abmaß des Werkstücks nach Din 7182, Bl. 1.
T = die Herstellungstoleranz des Werkzeugs.

T richtet sich nach der Maßtoleranz, der Starrheit und dem Werkstoff des Werkstücks und schwankt zwischen $^1/_5$ und $^1/_3$ der Maßtoleranz des Werkstücks. Das Werkzeugmaß liegt also möglichst nahe am Größtmaß des Werkstücks. Es empfiehlt sich, die Genauzähne etwas stärker zu lassen und die endgültigen Abmessungen durchProberäumen einiger Werkstücke festzustellen. Nacharbeiten mittels Ölstein ist dabei das Hilfsmittel zur Erreichung des Fertigmaßes.

24. Spanbrechernuten werden in die Schruppzähne eingearbeitet, um dem Werkstoff, der beim Zerspanen gestaucht wird, seitliche Ausdehnungsmöglichkeit zu geben. Anderenfalls würden sich die Späne in den Zahnlücken festklemmen. Bei Räumnadeln, die breite Schnitte auszuführen haben, sind die auftretenden Zerspanungswiderstände sehr groß. In der Hauptsache rührt dies vom ungünstigen Abfluß breiter Späne her. Hier kann durch Anordnung von Spanbrechernuten

Abhilfe geschaffen werden. Dadurch ist die Spanbildung weniger behindert und die Kraftverhältnisse ändern sich günstig. Die Spanbrechernuten werden an den Schneiden der Zähne so angeordnet, daß der Werkstoff dadurch in verschiedenen Streifen abgehoben wird.

Die eingearbeiteten Nuten sind von Zahn zu Zahn versetzt, so daß der von der Spanbrechernute stehengelassene Werkstoff vom nachfolgenden Zahn mit weggenommen wird (Abb. 47). Die Breite der Spanbrechernuten ist anzunehmen mit 0,5⋯1 mm, ihre Tiefe ebenfalls mit 0,5⋯1 mm. Die Unterteilung ist so durchzuführen, daß die abgehobenen Späne eine Breite von 10⋯15 mm haben. Dabei ist den Abmessungen der Räumnadel entsprechend zu verfahren.

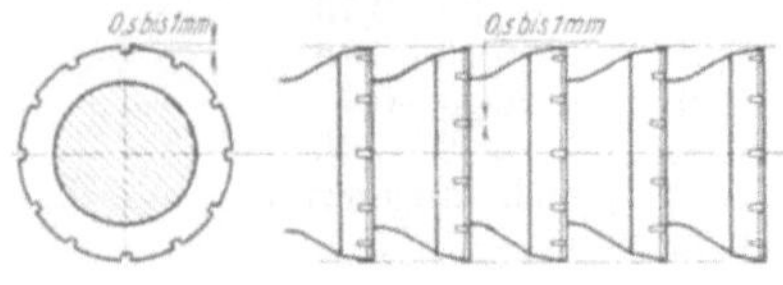

Abb. 47. Spanbrechernuten.

Die Form der Spanbrechernuten ist ohne Einfluß. Sie kann sowohl scharf eckig als auch ausgerundet sein, je nachdem, welche Werkzeuge zum Einarbeiten vorhanden sind.

Für die letzten 5 bis 8 Schneidezähne fallen die Spanbrechernuten fort, ebenso auch bei den Kalibrierzähnen, da sich sonst Markierungen in der Bohrung zeigen. Dafür kann die Spandicke wesentlich geringer gewählt werden, so daß für die Zerspanungskraft ein Ausgleich geschaffen wird.

C. Schabe- und Glättnadeln.

25. Allgemeines. Löcher, die besonders sauber sein sollen, werden mit einer Glättnadel (s. Abb. 48), die in einem weiteren Arbeitsgang anzuwenden ist, bearbeitet. Auch kombinierte Schabe- und Glättnadeln werden angewandt. Die Schabezähne sind so ausgeführt, daß sie die Wirkung etwa eines Flachschabers hervorbringen. Sie nehmen alle größeren Unebenheiten der Bohrung durch Schaben weg. Glättzähne verbessern die Oberfläche, indem sie die offenen Poren der bearbeiteten Bohrung durch Quetschen schließen, wodurch eine sehr dichte Oberfläche erzielt wird. Glättnadeln und kombinierte Schabe- und Glättnadeln sind meist kurz und werden überwiegend als Drückwerkzeuge auf hydraulischen Pressen angewandt.

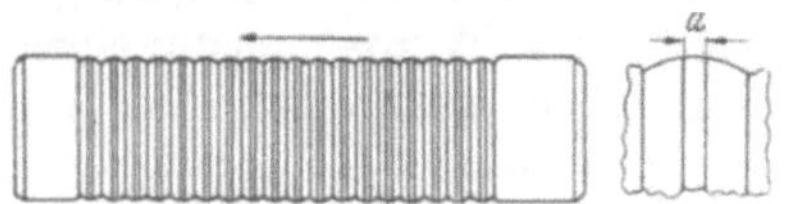

Abb. 48. Glättnadel. *a* Fase, je nach Werkstoff verschieden breit; für Stahl u. Messing keine Fase.

26. Die Aufnahme wird nach den unter Räumnadeln bereits gegebenen Richtlinien ausgebildet. Die Bohrung muß mit Laufsitz auf die Führung passen.

27. Die Verzahnung. a) *Die Teilung.* Der Zahnabstand einer Schabenadel berechnet sich zu $t = 1{,}2\sqrt{L}$. Ungleiche Teilung ist ganz besonders angebracht.

Bei den Schabe- und Glättnadeln müssen aber mindestens 3 Zähne im Eingriff sein, wenn die Bohrung sauber werden soll. Mit der gleichzeitig arbeitenden Zähnezahl geht man auch hier nicht über 8 Stück hinaus, da sonst die Beanspruchung der Nadel zu unbestimmt wird.

b) *Die Zahnhöhe* spielt praktisch nur bei den Schabezähnen eine Rolle. Es gilt als Hauptregel, daß die abfallenden Schabespäne genügend Platz finden. Man bemißt die Höhe der Schabezähne

$$h \approx 0{,}35\, t.$$

Da hier die Berechnung der Zugkraft kaum möglich ist, empfiehlt es sich, die Zahnhöhe so niedrig wie möglich zu wählen, damit der Kernquerschnitt nicht unnötig geschwächt wird.

Für die Glättzähne kommt eine Zahnhöhe nur soweit in Frage, als sie die Anordnung der Abrundung erlaubt.

Auf sehr sorgfältige Bearbeitung der Glättzähne, besonders der glättenden Abrundungen ist zu achten; denn bei der geringsten Unsauberkeit, seien es nun Drehriefen oder Schleifhaut, wird beim Arbeiten der Glättnadel nicht nur das Werkstück Ausschuß, sondern der betreffende Zahn stark in Mitleidenschaft gezogen; oft wird er auch völlig unbrauchbar. Die Glättzähne und ihre Abrundungen sind auf Hochglanz zu polieren. Hartverchromung erhöht die Oberflächengüte am Werkstück und die Lebensdauer der Nadel.

c) *Der Spanwinkel des Schabezahnes* ist auszuführen mit $\gamma = 0 \cdots 2°$ für kurzspannende Werkstoffe (Grauguß, Messing, Bronze), $\gamma = 8 \cdots 10°$ für langspanende Werkstoffe (Stahl, Al.-Leg., Zink).

Bei der Bemessung und Ausbildung des Schabezahnes ist dann richtig verfahren worden, wenn der fertige Zahn feine, wolleartige Späne erzeugt, wie aus Abb. 49 zu erkennen ist.

Für Gußteile sind kleinere Winkel zu wählen als für solche aus Stahl.

Abb. 49. Spanbildung bei Schabezähnen.

d) *Die Führungsfase* bei Schabezähnen darf nur wenige $^1/_{10}$ mm betragen, da anderenfalls infolge starker Reibung die Oberflächengüte leidet.

e) *Der Freiwinkel des Schabezahnes* ist so klein wie möglich anzunehmen. Als günstige Schabefreiwinkel haben sich $\alpha = 0{,}5° \cdots 1°$ ergeben. Es ist zu empfehlen, die genauen Winkel γ und α durch *Versuch* zu bestimmen, wie im Abschn. 18 für die Räumnadeln erläutert.

f) *Der Zahnfuß.* Den Fuß der Schabezähne rundet man ab, damit der Kern nicht durch scharfes Einstechen geschwächt wird und beim Räumen reißt.

g) *Die Zahnrückenlänge* wird zu $d = \frac{1}{2}\, t$ angenommen. Da es bei den Schabezähnen weniger auf die Spanraumform ankommt, weil die Schabespäne bröckeln, so gibt dieser Wert genügend Sicherheit. Die Herstellung der Nadel ist durch die Annahme dieser Zahnrückenlänge sehr vereinfacht worden, denn sie kann mit einfachen Einstechstählen erzeugt werden.

h) *Die Steigung der Glättnadel.* Die Gesamtsteigung der Nadel ist sehr gering. Sie beträgt je nach Durchmesser $s = 0{,}02 \cdots 0{,}05$ mm.

Bei der Wahl der Steigung ist zu beachten, daß harte Werkstoffe schwerer zu schaben und zu glätten (verdichten) sind als weiche. Deshalb ist es erforderlich, für erstere kleinere und für letztere größere Werte zu wählen. Man hüte sich, die Zunahme der Zahndurchmesser zu übertreiben, denn die Widerstände, die die Glättzähne dem Arbeitshub entgegensetzen, wachsen unverhältnismäßig stark an. Ferner wird der Werkstoff durch übermäßige Pressung hart und bröckelt aus, so daß die Werkstücke unbrauchbar werden. Ganz besonders ist hierauf bei Schabe- und Glättnadeln für Nichteisen-Metalle zu achten, da diese bei zu starker Pressung schmieren.

i) *Die Fertigmaße der letzten Glättzähne.* Die letzten Zähne einer Schabe- und Glättnadel sind als solche mit glättender Wirkung ohne Steigung auszubilden. Ihr Kleinstmaß liegt um $^1/_3$ der Werkstücktoleranz unterhalb des Größtmaßes des Werkstücks. Es ist vorteilhaft, bei der Herstellung noch eine besondere Zugabe zu machen, die dann beim Ausprobieren der fertigen Nadel notwendigenfalls abgearbeitet werden kann.

28. Verschiedenes. Hauptsächlich bei Mehrnutenbohrungen kommt es vor, daß die Werkstücke nach dem Räumen noch warmbehandelt werden müssen. Die hierbei frei werdenden Spannungen wirken sich dahin aus, daß sich das Werkstück „verzieht", so daß die Bohrung nachgearbeitet werden muß. Eine hierfür geeignete Nadel zeigt Abb. 50. Die Nuten der Bohrung werden hier als Führung benutzt. Die runde Bohrung selbst soll geschabt, die Nuten dagegen geglättet werden. Die Schabezähne haben geringe Zahnhöhe, weil die abzuhebende Spanmenge sehr gering ist. Deshalb ist eine große Spankammer nicht erforderlich. Die Glättzähne sollen in der Hauptsache als Führung in den Nuten dienen und sind zu diesem Zweck als Buckel ausgebildet. Auch hier ist Hochglanzpolitur unerläßlich. Zum Nacharbeiten verzogener Vielnutprofile werden auch Harträumnadeln verwendet.

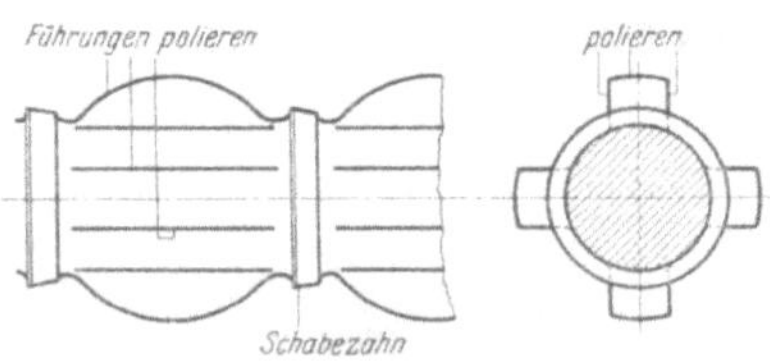

Abb. 50. Sonderausbildung der Schabe- und Glättzähne.

D. Die Herstellung der Räumnadel.

Die Anfertigung von Räumnadeln, die ein gutes Ergebnis liefern sollen, ist äußerst schwierig. Es gehören zunächst Sondereinrichtungen dazu, wie Vorrichtungen, Sondermaschinen und sonstige Hilfseinrichtungen. Dann muß sich der Werkzeugmaschinenpark in hervorragend gutem Zustand befinden (Maßzunahmen der Schlichtzähne bis herunter zu 0,01 mm, Hinterschliffwinkel bis herunter auf 0,5°, Maßtoleranzen der Kalibrierzähne bis herunter zu 0,002 mm!). Das gleiche gilt von den Meßwerkzeugen. Besonders eine Härterei, die mit allen neuzeitlichen Hilfsmitteln arbeitet und möglichst elektrische Öfen hat, ist unerläßlich. Weiter gehört viel handwerkliche Erfahrung und Geschicklichkeit dazu, eine gute Nadel herzustellen. Es sei nur an das Richten der Nadel nach dem Härten erinnert, das nur ein ganz besonders gut eingearbeiteter Werkzeugmacher mit vielen Kniffen und Hilfsmitteln fertigbringt. Aber auch die Weiterbehandlung und der Fertigschliff erfordern besondere Erfahrung und Sorgfalt. Daher ist dringend davon abzuraten, Räumnadeln selbst herzustellen, es sei denn, ein Großbetrieb, wie z. B. eine Automobilfabrik, richte sich selbst eine Räumwerkzeugmacherei ein. Es gibt in allen größeren Industriestaaten Spezialfirmen, die Räumwerkzeuge herstellen. Sie haben auf Grund langjähriger mühevoller und kostspieliger Versuche alle nötigen Erfahrungen und Hilfsmittel, und können für gutes Arbeiten ihrer Werkzeuge bürgen.

E. Instandhalten von Räumnadeln.

29. Nachschleifen. Beim Räumen muß sorgfältig auf das Stumpfwerden der Zähne geachtet werden. Es ist besser, nach jeweils geringer Abstumpfung öfter nachzuschleifen, als den Verschleiß an den Schneiden zu weit fortschreiten zu lassen.

Eine Räumnadel muß geschärft werden, wenn sich an der Schneidenkante eine schwache Abrundung oder eine schmale Fase zeigt. Ein Vergrößerungsglas erweist dabei gute Dienste. Andere Anzeichen für ein Stumpfwerden des Werkzeugs sind das Ansteigen des Drucks im hydraulischen Antrieb, der am Manometer abgelesen werden kann, Untermaß am Werkstück und rauhe oder gerissene Oberfläche am Werkstück. Damit der Arbeitsgang nicht während des Nachschärfens unterbrochen zu werden braucht, empfiehlt es sich — bei laufender Massenfertigung —, für jedes Werkzeug gleichzeitig zwei Reservewerkzeuge zu beschaffen. Von diesen drei Werkzeugen eines Satzes arbeitet dann eins in der Maschine, steht das zweite zum Austausch in Bereitschaft und wird das dritte in der eigenen Werkzeugmacherei oder beim Hersteller nachgeschärft.

Beim Nachschleifen müssen die Konstruktionsmerkmale des Werkzeugs unbedingt beibehalten werden. Es sind dies: Spanwinkel, Spantiefe je Zahn, Tiefe der Zahnlücke, Abrundung im Zahnlückengrund und Freiwinkel. Besonderes Augenmerk ist auf die richtige Tiefe und Form der Zahnlücke zu richten. Dabei ist die Einhaltung des ursprünglichen Spanwinkels, der dem zu bearbeitenden Werkstoff angepaßt ist, von entscheidender Wichtigkeit. Es wird angeraten, diesen Spanwinkel vor der Inbetriebnahme jedes Werkzeugs festzustellen und in geeigneter Weise zu vermerken, damit er bei jedem Nachschleifen erneut eingearbeitet wird.

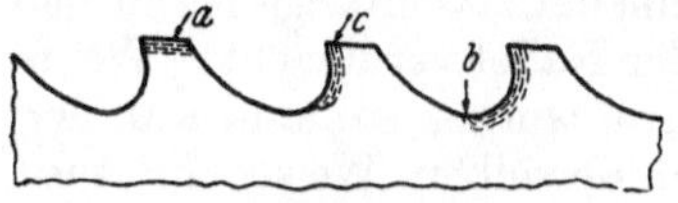

Abb. 51. Schärfen der Räumnadel. *a* falsch, ist nur bei Außenräumwerkzeugen in Ausnahmefällen zulässig, *b* falsch, Schleifscheibenauslauf bildet mit Zahngrund Kante, behindert Bildung der Spanlocke, *c* richtig.

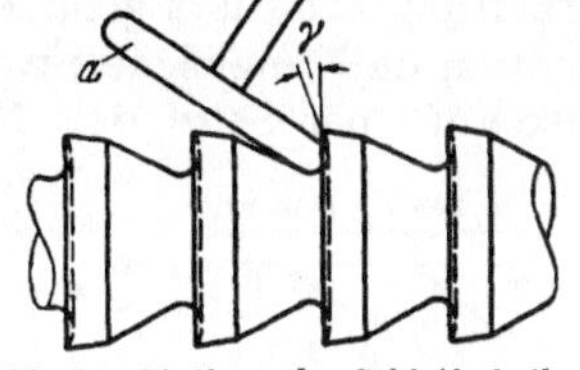

Abb. 52. Stellung der Schleifscheibe beim Schärfen. *a* Schleifscheibe, γ Spanwinkel.

Beim Schärfen wird an der Zahnbrust Werkstoff abgeschliffen, wobei darauf zu achten ist, daß die Profillinie ohne Kante glatt in den Zahngrund übergeht (Abb. 51). Das Schleifwerkzeug ist eine Profilscheibe, der durch Abziehen eine der Zahnlücke des Räumwerkzeugs angepaßte Form gegeben wird. Zum Schleifen wird eine keramisch gebundene Scheibe mit einer Körnung von 46···80 und einer Härte $K \cdots L$ verwandt. Damit die Schneide vom Umfang der Schleifscheibe nicht angeschnitten und damit der Spanwinkel verändert wird, darf diese nur geringen Durchmesser haben und muß beim Arbeiten stärker geneigt sein als der Spanwinkel (Abb. 52). Es muß sehr vorsichtig geschliffen werden, damit die Schneide nicht verbrannt wird. Meist wird trocken geschliffen.

Abb. 53. Räumwerkzeug-Schärfmaschine (Forst). *a* Schleifschlitten, *b* Handgriff zum Bewegen des Schleifschlittens beim Schärfen von Flachnadeln (beim Schärfen von Rundnadeln wird Schleifschlitten stillgesetzt), *c* Staubsauger, *d* Handrad zur Längsbewegung des Aufspanntisches, *e* Ziehknopf für Feinbewegung des Aufspanntisches, *f* Handrad zur Senkrechtverstellung des Schleifschlittenträgers.

Für das Schärfen von Räumwerkzeugen wurden besondere Spezialmaschinen entwickelt, auf denen diese Arbeit technisch einwandfrei und auch wirtschaftlich vorgenommen werden kann (Abb. 53). Da sich der Kauf solcher Maschinen nur für

Betriebe lohnt, die in genügendem Umfange Räumarbeiten durchzuführen haben, so ist es meist üblich, daß die Räumwerkzeuge zum Nachschleifen an den Hersteller geschickt werden. Doch kann zur Not ein besonders geschickter und erfahrener Werkzeugmacher Rundräumnadeln, Vielnutnadeln und Profilnadeln, deren Schneiden durch Drehen und Rundschleifen entstehen, auch behelfsmäßig selbst schärfen, indem er z. B. auf dem Support einer Drehbank einen Elektroschleifer aufbaut. Bei flachen und flachprofilierten Werkzeugen, z. B. Räumnadeln für rechteckige Profile oder für zusammengesetzte Profile mit ebenen Flächen ist das Schärfen im eigenen Betriebe ohne Räumwerkzeug-Schärfmaschine dagegen schwierig und meist unmöglich.

30. Abgebrochene und hochgedrückte Zähne. Ist ein abgebrochener Zahn zu ersetzen, so verfährt man in folgender Weise: der Zahn wird soweit wie möglich herausgeschliffen, damit er nicht mehr schneiden kann, und die nachfolgenden Zähne werden etwas „vermittelt“, d. h. der durch sie abzuhebende Werkstoff wird gleichmäßig verteilt, so daß jeder Span etwas stärker wird. Wenn die Spankammern diese Spanverstärkung nicht zulassen, dann muß ein Schabezahn geopfert werden, was meist das einfachere Verfahren ist. Die erstgenannte Arbeit ist von Hand auszuführen, denn der Ausgleich durch mechanische Bearbeitung erfordert genauestes Ausrichten der Räumnadel. Allerdings ist zu beachten, daß ungleiche Spanzunahme ein Verlaufen der Nadel verursacht. Wenn also auf einer Seite der Nadel ein Zahn ausgeglichen wurde, so muß auf der gegenüberliegenden Seite in derselben Weise ein Ausgleich geschaffen werden, damit die Seitendrücke sich gegenseitig aufheben.

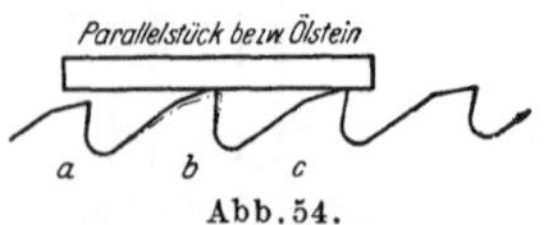

Abb. 54. Nachrichten eines Zahnes.

Zähne, die durch vollsitzende Spankammern hochgedrückt wurden, sind mittels Abziehen wieder auf richtige Höhe zu bringen. Sobald die dem beschädigten Zahn *b* (Abb. 54) benachbarten Schneiden *a* und *c* am Abziehstein anliegen, hat *b* wieder die vorschriftsmäßige Höhe. Der durch das Hochdrücken veränderte Brustwinkel wird ebenfalls nachgearbeitet.

31. Festgefahrene Räumnadeln. Das Festfahren von Räumnadeln während des Hubes kommt bei richtig konstruierten Werkzeugen und sorgfältigem Arbeiten verhältnismäßig selten vor. Es kann seine Ursache in einem übermäßigen oder einseitigen Stumpfwerden des Werkzeugs, in ungenügender Leistung der Maschine oder einer Unterbrechung der Stromzufuhr haben. In solchen Fällen muß bei der Trennung von Werkzeug und Werkstück mit äußerster Sorgfalt vorgegangen werden.

Keinesfalls darf der Versuch gemacht werden, die Räumnadel nach rückwärts in Bewegung zu setzen, während sich das Werkstück noch in der Vorrichtung befindet. Anderenfalls ist Ausbrechen der Zähne fast sicher. Der richtige Weg ist, Werkzeug und Werkstück zusammen sorgfältig aus der Maschine herauszunehmen, ohne in irgendeiner Weise Gewalt anzuwenden. Dann wird zunächst versucht, ob sich das Werkstück nicht dadurch vom Werkzeug lösen läßt, daß man, abwechselnd auf verschiedenen Seiten, leichte Schläge auf das Werkstück ausübt und gleichzeitig sich bemüht, das Werkstück in Richtung der Werkzeugachse zum dünneren Ende hin abzuschieben. Führt dies nicht zum Ziel, so wird die Nadel mit dem Werkstück in eine Drehbank aufgenommen und das Teil bis auf eine geringe Wandstärke zerspant. Dabei muß die Räumnadel durch Setzstöcke genügend abgestützt sein, um ihre Durchbiegung und Schwingungen beim Drehen zu verhindern. Dann wird die stehengebliebene Wandung an zwei gegenüber liegenden Stellen durchgesägt, so daß sie in zwei Hälften vom Werkzeug angehoben werden kann. Bei der großen

Härte heutiger Räumwerkzeuge ist eine Beschädigung der Schneiden durch das Sägeblatt nicht zu befürchten. Besonders zu achten ist auf eine gute Abstützung von Werkzeug und Werkstück während des Sägens.

32. Beschädigte oder gerissene Räumnadeln. Ist eine Räumnadel beschädigt oder gerissen, so versuche man nicht, den Fehler selbst auszubessern, sondern überlasse sie vielmehr der Lieferfirma zur Instandsetzung, soweit sich dies noch als lohnend herausstellt. Sie ist imstande, das Beste noch herauszuholen. *Mit einer durch Nacharbeit bereits verdorbenen Räumnadel kann jedoch selbst eine Sonderfirma nichts anfangen.*

F. Beispiele von Innenräumwerkzeugen.

33. Einteilige Räumnadeln. Die Vielfalt der Einflüsse, die von den Werkstoffeigenschaften und den Maßen des Werkstücks, von der Eigenart der Bearbeitungsaufgabe und den Konstruktionsmerkmalen der benutzten Maschine aus auf die Gestaltung von Innenräumwerkzeugen einwirken, läßt eine unbegrenzte Zahl verschiedener Ausführungsformen entstehen. Nur selten gleicht eine Räumnadel der anderen (Abb. 55). Von zwei Vierkanträumnadeln, die annähernd gleichen Querschnitt haben (Abb. 55, Nadel 1 und 2 von unten), muß die obere in ihrem Kalibrierabschnitt anders ausgebildet werden, weil eine engere Toleranz verlangt wird. Die Form und Abmessung der Zahnlücken läßt mit einem Blick erkennen, ob eine Räumnadel für die Bearbeitung eines zähen, langspanenden oder eines spröden, bröckelnden Werkstoffs bestimmt ist (Abb. 55 Nadeln 4 und 5 von unten).

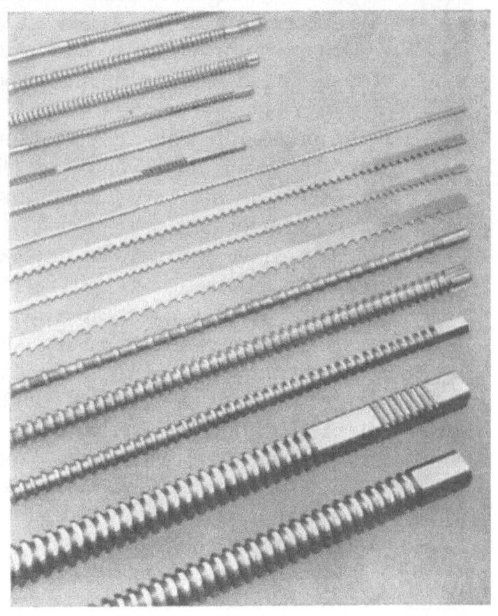

Abb. 55. Die Mannigfaltigkeit der Räumnadelgestaltung. (Schweizerische Industriegesellschaft.)

Sichere Merkmale für die Länge der zu räumenden Bohrung sind die Teilung *und* die Länge der Aufnahme, wie das vor der Zahnung liegende Führungsstück der Nadel nach Din 1415 genannt wird. Die Beurteilung der Räumlänge allein nach der Teilung oder allein nach der Abmessung der Aufnahme kann täuschen, denn die Teilung ist auch noch von der Dicke der je Zahn abzuhebenden Schicht, von der Bearbeitbarkeit des Werkstoffs — Sperrigkeit oder Kompaktheit der Späne —, sowie von der Belastbarkeit von Nadelquerschnitt und Maschine abhängig. Andererseits läßt die Aufnahme nicht erkennen, ob die Boh-

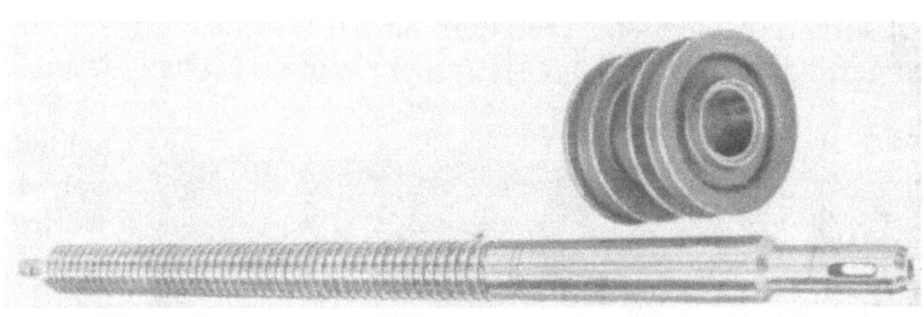

Abb. 56. Schlicht- und Kalibriernadel mit Werkstück. (Oilgear.)

rung durchgehend oder unterbrochen ist. Die in Abb. 56 dargestellte Schlicht- und Kalibriernadel zeigt ein auffallendes Mißverhältnis zwischen den Abmessungen der Aufnahme und der Größe der Teilung. Der Grund liegt in der geringen Dicke der abzuhebenden Schicht (0,4 mm), die einen kleinen Spanraum ermöglicht und die Belastung je Zahn niedrig hält.

Druckräumwerkzeuge sind, soweit die Teilung den Forderungen genügender Druckfestigkeit der Nadel genügt, bis zu einer Länge von dem 25-fachen des Durchmessers verwendbar, ohne daß eine Knickung befürchtet zu werden braucht. Sie ermöglichen hohe Mengenleistungen, wenn am Ende der Zahnung eine Anzahl von Drückzähnen angeordnet wird, die die Bohrung am Schluß des Arbeitshubes aufweiten (Abb. 57). Die Nadel läßt sich dann durch das Werkstück hindurch zurückziehen; Arbeitshub und Rückhub können einander unmittelbar folgen, ohne daß die Nadel vom Stößel gelöst zu werden braucht.

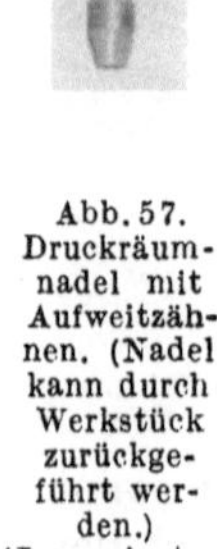

Abb. 57. Druckräumnadel mit Aufweitzähnen. (Nadel kann durch Werkstück zurückgeführt werden.) (Lapointe.)

Spiralräumwerkzeuge haben bei den meist eingearbeiteten geringen Windungswinkeln Schneiden, die rechtwinklig zur Werkzeugachse verlaufen. Bei größeren Spiralwinkeln wird indessen bei dieser Ausbildung jeder Zahn durch die in das Werkzeug eingearbeiteten Drallnuten an einer Flanke von der Seite her so stark hinterschliffen, daß er dort übermäßig geschwächt wird und bei stärkerer Beanspruchung bricht. Auch werden die entstehenden Späne auf einer Seite durch den starken Seitenschub gegen die Nutenflanken gedrückt, die sie dann aufreißen und beschädigen. In solchen Fällen werden die Schneiden senkrecht zur Nutenrichtung angeordnet (Abb. 58). Die Nadel wird in einer Mutter der Drallvorlage geführt (siehe Abschnitt 37) und da sie durch Reibung im Werkzeughalter des Ziehkopfes festgehalten wird, schraubt sich das Werkstück, das mit der Drallvorlage fest verbunden ist, auf die in Achsrichtung gezogene Nadel auf. Das Werkzeug ist zum Einbau in eine senkrechte Innenräummaschine bestimmt.

Abb. 58. Spiralräumnadel für großen Windungswinkel. (Bosch.)

34. Zusammengesetzte Räumnadeln. Meist sind Innenräumwerkzeuge im Gegensatz zu solchen, die für das Außenräumen bestimmt sind, einteilig. Dies hat den Nachteil, daß sie, sobald die Kalibrierzähne ihr Maß verloren haben, unbrauchbar werden. Durch Anordnung mehrerer Kalibrierzähne und durch deren Hinterschliff mit einem sehr kleinen Freiwinkel (½°) versucht man, diesen Augenblick möglichst weit hinauszuschieben. Trotzdem haben Räumnadeln im allgemeinen eine wesentlich geringere Lebensdauer als Außenräumwerkzeuge, deren Teile nachstellbar sind und sich daher oft nachschleifen lassen. Man ist daher auch bei Innenräumwerkzeugen, die eine lange Lebensdauer haben sollen, dazu übergegangen, sie aus Schneidenteilen zusammenzubauen, die austauschbar sind und ausgewechselt werden können, wenn sie verschlissen sind. So wird der Kalibrierteil der Nadel als Hülse ausgebildet, die auf

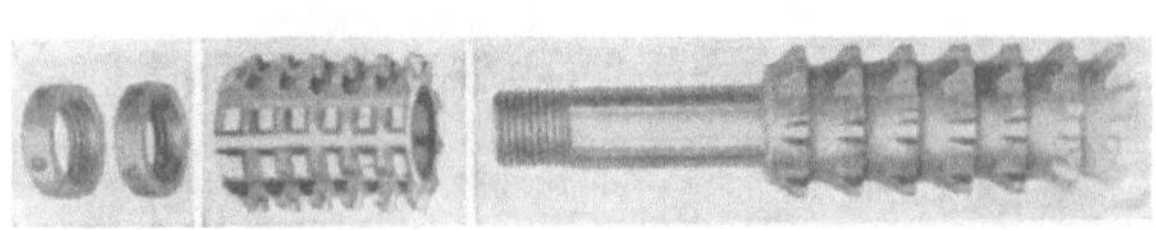

Abb. 59. Vielnutnadel mit aufgesetzter Kalibrierhülse. (COLONIAL).

das Ende der Nadel aufgesteckt wird und durch zwei Muttern, die auf das mit Gewinde versehene Ende der Nadel aufgeschraubt werden, mit dem Hauptteil der Nadel verbunden ist (Abb. 59). Die Teilung der Zahnung auf der Hülse kann kleiner als die Teilung auf dem Schruppteil der Nadel sein, da diese Zähne beim Nachschleifen des Werkzeugs nicht zum Schruppen herangezogen werden, sondern nur die Aufgabe des Kalibrierens haben.

Ein anderer Grund zum Zusammenbau eines Innenräumwerkzeugs aus einzelnen Teilen kann ein schwierig zu schleifendes Profil sein (Abb. 60). Das Profil be-

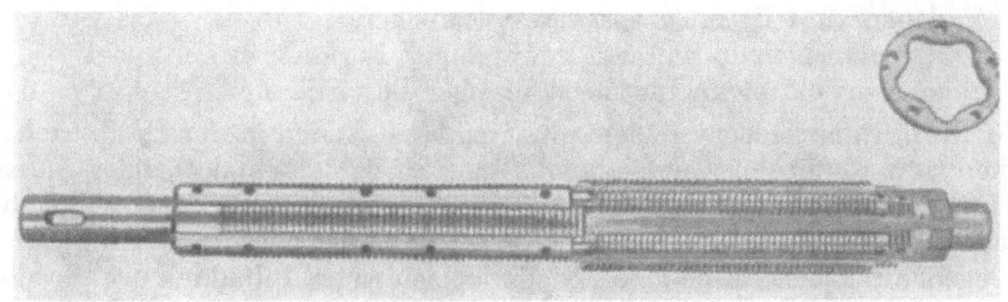

Abb. 60. Zusammengesetzte Räumnadel amerikanischer Herstellung für ein schwieriges Profil. (Ex-Cell-O.)

steht aus 5 nahezu halbrunden Abschnitten, die auf dem Umfang gleichmäßig verteilt sind, und den zwischen ihnen liegenden Kreissegmenten. Für das Räumen dieses Querschnitts läßt sich ein einteiliges Werkzeug nicht bauen. Es wurde daher in Zahnungsabschnitte aufgelöst, die einzeln bearbeitet und dann zusammengeschraubt werden.

Den Zusammenbau eines aus verschiedenen Teilen bestehenden Innenräumwerkzeugs zeigt Abb. 61. In einem Werkstück ist die Bohrung zu schlichten, zu

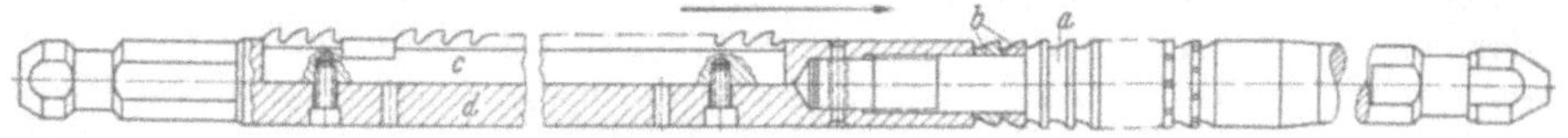

Abb. 61. Zusammengesetzte Räumnadel. (Bosch.)
a Kalibrierzähne auf Anfangsteil der Nadel, *b* Kalibrierzähne auswechselbar, *c* Zahnungseinsatz für Nutenräumen, *d* Schneidenhalter für Nutenräum-Zahnung.

kalibrieren und anschließend eine Einzelnute einzuarbeiten. Der Anfangsteil der Nadel trägt, bis auf drei Kalibrierzähne gleichen Durchmessers am Ende des Zahnungsabschnittes, die Schlichtzahnung, die mit 15 Zähnen die Bohrung des Werkstücks von 26,7 mm ∅ auf 27,02 mm ∅ erweitert. Diesem einteiligen Zahnungsabschnitt folgen zwei einzelne Kalibrierzähne, die nach dem Verschleiß ausgetauscht werden. Sie werden mit enger Passung auf den Schlichtteil der Nadel aufgeschoben und durch die Hülse des Endteils der Nadel festgeschraubt. Ein Querbolzen sichert die Schraubverbindung zwischen Anfangs- und Endteil der Nadel gegen Lockerung. Die Nutenräumnadel ist in den Endteil des Werkzeugs eingesetzt und dort durch zwei Schrauben gehalten. Schaft und Endstück, die zur Aufnahme im Ziehkopf und im Zubringer einer senkrechten Innenräummaschine bestimmt sind, tragen zwei ebene Flächen, die die Stellung der Räumnadel in den Haltevorrichtungen festlegen. Anfangs- und Endteil müssen so verschraubt werden, daß diese Flächen nach dem Zusammenbau in einer Ebene liegen.

III. Die Innenräumvorrichtung.

Spannvorrichtungen sind für das Innenräumen nur in Ausnahmefällen nötig. Meist wird man mit einfachen Vorlagen und Aufnahmedornen auskommen, die dem Werkstück eine Auflagefläche geben und es bei unsymmetrischem Schneidenangriff räumlich festlegen. Für die Herstellung der Drallnuten dagegen sind eigentliche Vorrichtungen erforderlich: sie haben Kugellager und drehen das Arbeitsstück.

Die Vorrichtungen zum Räumen lassen sich einteilen in:

1. Aufnahmedorne zum Räumen achsparaleller Nuten,
2. Vorlagen zum Räumen gerader Formlöcher,
3. Drallvorlagen zum Räumen gewundener Formlöcher.
4. Sondervorrichtungen zur mechanischen Beschickung.

35. Die Aufnahmedorne. Die Aufnahmedorne finden in der Hauptsache beim Räumen von Keilnuten Verwendung. In Abb. 62 ist ein derartiger Aufnahmedorn dargestellt. Die ihn aufnehmende waagerechte Innenräummaschine hat eine auswechselbare, geschlitzte Stahlbüchse b, in die der jeweilige Dorn genau paßt. Der Gegenhalter a ist durch einen Klemmbolzen f zur Aufnahme der Stahlbüchse eingerichtet. Diese ist gehärtet und innen sauber geschliffen; ihre Bohrung dient zur Aufnahme des Dornes c, der durch Zusammenschrauben des Klemmbolzens f festgehalten wird. Der Dorn ist mit einer Nute versehen, die die Räumnadel e während des Arbeitsganges aufnimmt und führt. Die Räumnadel paßt mit ihrem Rücken saugend in den Schlitz des Dornes und wird dadurch gut geführt; Abdrücken der Nadel ist deshalb ausgeschlossen. Das Werkstück d paßt seinerseits wieder genau auf den Dorn c und wird beim Arbeitsgang von der auftretenden Zerspanungskraft gegen den Bund des Aufnahmedornes gezogen, wo es dann unverrückbar festsitzt. Da ein Drehmoment nicht auftritt, ist es überflüssig, das Werkstück gegen Verdrehen zu sichern. Für jeden Bohrungsdurchmesser ist ein anderer Dorn zu verwenden.

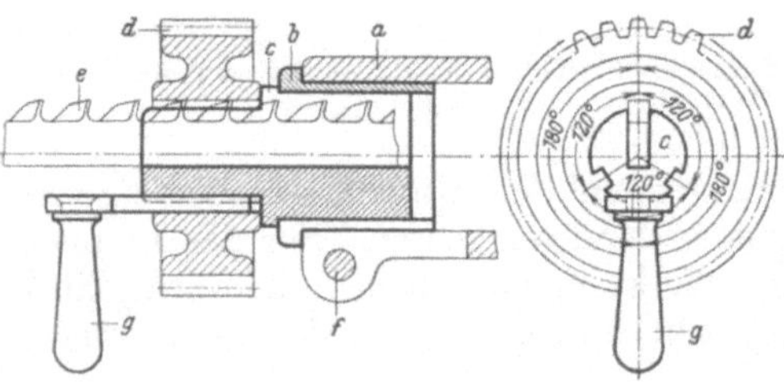

Abb. 62. Zylindrischer Aufnahmedorn. a Gegenhalter, b geschlitzte Stahlbüchse, c Aufnahmedorn, d Werkstück, e Werkzeug, f Klemmbolzen, g Handgriff der Paßfeder.

Jeder Dorn läßt in der Regel die Einarbeitung nur *einer* Nute zu. In vielen Fällen wird aber für die Bohrung noch eine zweite Keilnute gefordert. Durch eine einfache Änderung kann der Dorn auch zum Räumen zweier oder mehrerer Nuten eingerichtet werden. In Abb. 62 ist diese Änderung angegeben. Dem Schlitz für die Nadelführung gegenüber liegt eine eingefräste Nute. Ist nun die erste Nute in das Arbeitsstück eingeräumt, so wird dieses um 180° gedreht, bis die Nute des Werkstückes und die Nute des Dornes sich decken. Durch Einschieben einer Paßfeder, die mit einem Handgriff g versehen ist, wird ein weiteres Drehen verhindert. Die zweite Keilnute kann nun geräumt werden. Die Teilung des Dornes muß genau ausgeführt sein, wenn die Werkstücke genau sein sollen. Eine entsprechende Anordnung läßt sich auch für Drei- und Viernutenbohrungen verwenden, indem die Teilnuten unter 120° bzw. 90° eingefräst werden. Die Vorrichtung hat sich gut bewährt, und wer nur kleinere Reihen zu bearbeiten hat, kann damit gute Erfolge erzielen. Dagegen ist für große Reihen- und Massenfertigung die Verwendung von Mehrfachnutennadeln wirtschaftlicher.

Um auch verschiedene Bohrungsdurchmesser auf *einem* Dorn bearbeiten zu können, hat man ihm durch Anordnung eines Ausgleichskeils mehrfache Verwendbarkeit gegeben (Abb. 63). Da für eine Reihe von Bohrungen stets die gleiche Keilnutenbreite und -tiefe angewendet werden muß, z. B. nach DIN 6885 für die Wellendurchmesser 44···50 mm eine Keilbreite von 14 mm und eine Nabennutentiefe von 4,2 mm, so hat man unter Anlehnung an DIN die Aufnahmedorne so genormt, daß für jede Bohrungsreihe mit gleichen Nutabmessungen 1 Dorn bestimmt ist, dessen Durchmesser gleich der kleinsten Bohrung der Reihe ist. Jeder dieser Dorne *c* (Abb. 63) hat nun gegenüber dem Räumnadelschlitz eine schräge Fläche. Wird nun ein in die betreffende Durchmesserreihe gehöriges Werkstück auf den Dorn aufgesteckt, so läßt es den Durchmesserunterschied $D—d = z$ frei. In diesen Zwischenraum zwischen der Schrägen am Dorn und der Buchse wird nun ein Keil *g* mit an einer Seite gerader Bahn eingesteckt und mit dem Handballen etwas festgeschlagen. „Ecken" kann der Keil nicht, weil die beiden aufeinanderliegenden schrägen Flächen verhältnismäßig breit sind (s. Schnitt *A—A*). Hohen Genauigkeitsansprüchen wird diese Vorrichtung nicht gerecht werden können, da die Nutentiefe sich bei Übergang auf einen anderen Durchmesser um Bruchteile von mm ändert.

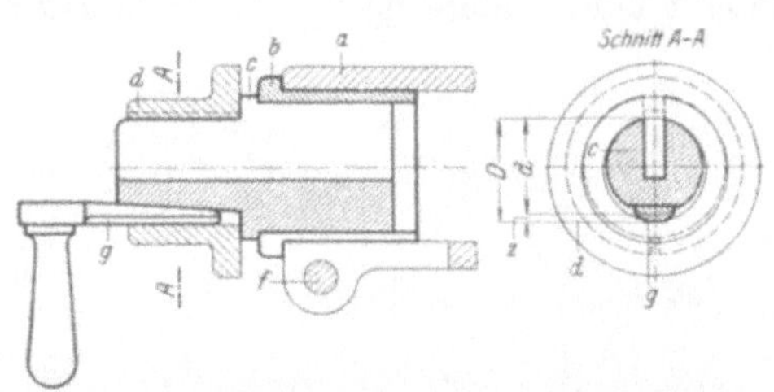

Abb. 63. Aufnahmedorn für verschiedene Durchmesser. *a* Gegenhalter, *b* geschlitzte Stahlbüchse, *c* Aufnahmedorn *d* Werkstück, *f* Klemmbolzen, *g* Keil.

Kegelige Bohrungen werden beim Keilnutenräumen genau wie zylindrische behandelt. Die Forderung bei einem solchen Kegelloch ist meist, daß die Mantellinie des Kegels parallel zur Keilnute verläuft. Hierzu ist ein Aufnahmedorn nach Abb. 64 zu verwenden. Die Mittellinie des Kegels ist um den Winkel α geneigt. Der Räumnadelschlitz ist parallel zur Mantellinie eingearbeitet. Bei der Herstellung dieses Aufnahmedornes ist besonders auf guten Anriß der angedeuteten und mit *z* bezeichneten Zentrierlöcher zu achten, da ja hiervon die Parallelität des Nutengrundes abhängt.

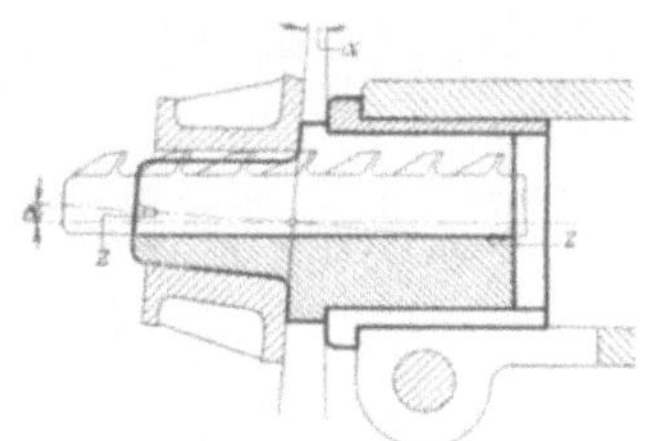

Abb. 64. Aufnahmedorn für kegelige Bohrung.

Ist dagegen die Forderung gestellt, die Nute parallel zur Mittellinie zu räumen, so bedarf es eines Aufnahmedornes nach Abb. 62, mit dem Unterschiede, daß an die Stelle der zylindrischen eine kegelige Aufnahme tritt. Hierbei ist jedoch zu beachten, daß Bohrung und Dorn nicht zu viel Anzug haben, weil sonst die Nadel das Werkstück festzieht. Wenn mit einem einmaligem Räumen der Nutentiefe wegen nicht auszukommen ist, kann derselbe Aufnahmedorn und auch dieselbe Nadel zu zwei- oder mehrmaligem Räumen verwendet werden. Dazu ist es notwendig, auf den Grund des Räumnadelführungsschlitzes ein entsprechend starkes Paßstück zu legen, so daß beim zweiten Räumgang die Nadel höher heraussteht und dadurch die tiefere Nute erzeugt. Das Paßstück hat eine Nase, ähnlich den Nasenkeilen, die sich an dem Aufnahmedorn stößt und somit nicht durchgleitet.

36. Vorlagen zum Räumen gerader Formlöcher. Für die Bearbeitung der Formlöcher in auf dem Umfang unbearbeiteten Werkstücken werden auf der Anlageseite ebene Vorlagen benutzt, die mit Schrauben an der Planscheibe der Maschine befestigt sind. Notwendig ist dabei die Anordnung einer Zentrierung, so daß Planscheibe und Vorrichtung die gleiche Achse haben. Beim Zusammenbau ist besonders auf zwischenliegende Späne zu achten, wie überhaupt jeder Anlaß, der Schrägstehen der Vorrichtung verursacht, beseitigt werden muß. Die Vorrichtung muß genau rechtwinklig zur Zugrichtung liegen, und ist gegebenenfalls durch Meßuhr oder andere geeignete Meßwerkzeuge daraufhin zu prüfen.

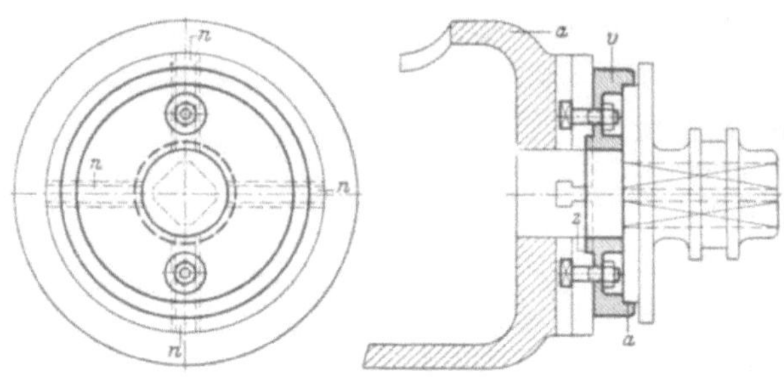

Abb. 65. Vorrichtung für bearbeitete Werkstücke.

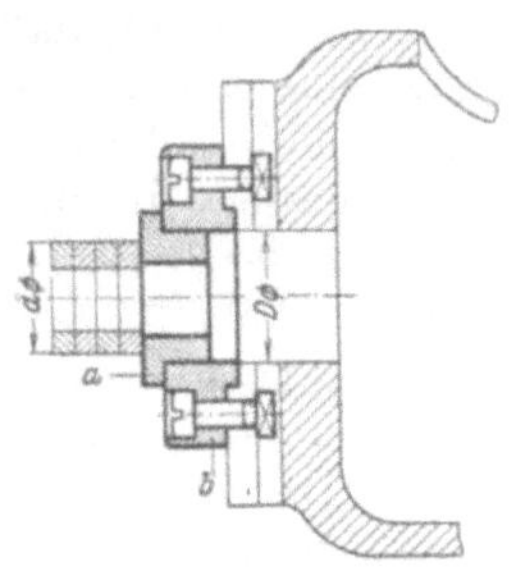

Abb. 66. Normalvorlage mit Einsatzbuchse.

Eine Vorrichtung für bearbeitete Werkstücke ist in Abb. 65 dargestellt. Die Planscheibe *a* der Maschine hat vier *T*-Nuten *n* und die Eindrehung *z* zum Zentrieren der Vorlage *v*. *v* ist durch Schrauben an der Kopfplatte der Maschine befestigt. Das Werkstück wird auf die Räumnadel aufgesteckt und diese dann in der Maschine befestigt. Das Werkstück legt sich dabei durch die Hauptschnittkraft gegen die Vorlage und wird im Bunde *a* zentriert. Besser ist, wie bereits früher betont, das Werkstück erst nach dem Räumen zu bearbeiten.

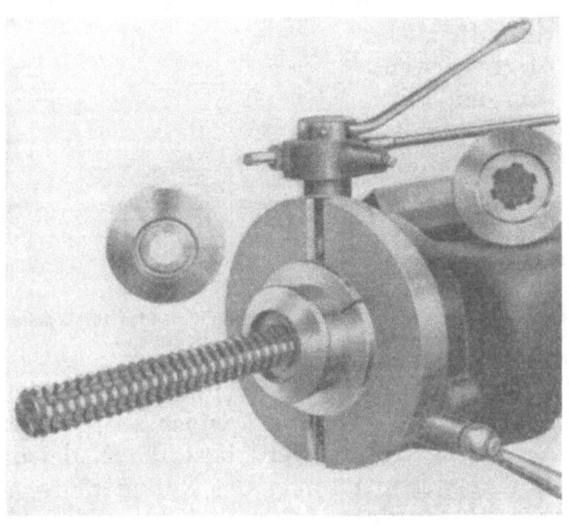

Abb. 67. Vorrichtung für Sechsnutbohrung.

In Abb. 66 ist das Räumen mehrerer Werkstücke zugleich dargestellt. Der Außendurchmesser dieser Werkstücke *d* ist kleiner als der Durchmesser des Durchgangsloches *D*, das deshalb durch das hier angegebene Mittel verkleinert werden muß, wenn die Auswechslung der ganzen Vorlage unterbleiben soll. Es ist zu diesem Zweck eine Normalvorlage geschaffen, die für alle einfachen Arbeiten benutzt werden und deshalb immer auf der Maschine bleiben kann. Die Normalvorlage ist mit einer genauen Bohrung vom Durchmesser *D* versehen, in die bei Bedarf eine genau mit Gleitsitz passende Büchse *a* eingeschoben werden kann. Hierdurch wird das Austauschen der ganzen Vorlage gegen eine andere vermieden. Die Büchsen können in verschiedenen Abmessungen vorrätig gehalten werden.

In Abb. 67 ist eine Vorrichtung zum Räumen des Sechsnutloches in Kegelrädern gezeigt.

Abb. 68 zeigt eine Vorrichtung zum Räumen der Kerbverzahnung in Bremshebeln. Das Werkstück wird beim Räumen durch ein Spanneisen gehalten, das zugleich die Lage des Hebelarmes zur Verzahnung festlegt.

Die Festlegung der Lage unsymmetrischer Werkstücke durch Anschläge, die auf dem Werkstücktisch senkrechter Innenräummaschinen befestigt werden, zeigen Abb. 79—81 in Abschnitt 42.

Die Beispiele ließen sich beliebig vermehren. Es handelt sich immer darum, eine feste Anlage zu schaffen. Werkstücke, die die Anordnung einer senkrecht zur Bohrung stehenden Fläche nicht zulassen, müssen auf einem besonderen, vor der Planscheibe angeordneten Werkstücktisch mit waagerechter Aufspannfläche (s. Abb. 84, Abschn. 44) oder auf der Spannfläche eines auf die Planscheibe geschraubten Winkelstücks befestigt werden.

Abb. 68. Räumvorrichtung für Kerbverzahnung.

37. Drallvorlagen für gewundene Formlöcher. Drallvorrichtungen sind durch Zwischenschalten eines oder mehrerer Kugellager drehbar gemachte Räumvorlagen. Das Kugellager muß zur Aufnahme des axialen Druckes kräftig bemessen sein. Durch richtige Anordnung der Zähne wird beim Räumen die Drallvorlage so bewegt, wie die Steigung des Dralles es erfordert. Die Drallvorrichtungen müssen sehr sauber gehalten werden, damit das eingebaute Kugellager leicht drehbar bleibt. Gute Schmierung ist wichtig.

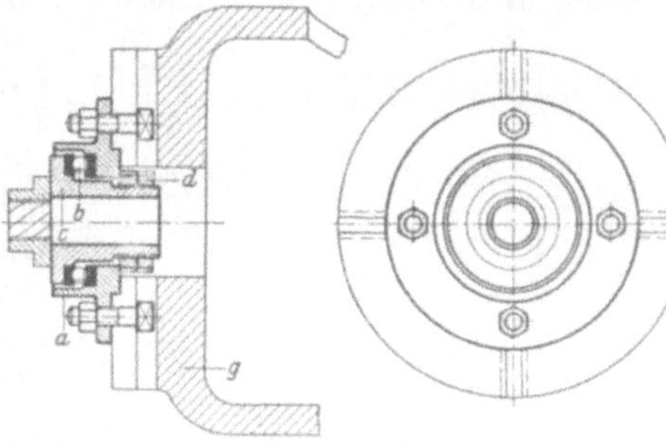

Abb. 69. Drallvorlage. *a* Kugellagergehäuse, *b* Kugeln, *c* Druckstück, *d* Ringmuttern, *g* Maschinenkopf.

Die Drallvorlage Abb. 69 trägt am Gegenhalter *g* ein kräftig durchgebildetes Kugellagergehäuse *a*, in das das Kugellager hineinpaßt. Das Druckstück *c*, das dem Arbeitsstück als Anlage dient, ist durch 2 Ringmuttern *d* leicht drehbar befestigt. Vorteilhaft versieht man Vorlagen für Rechtsdrall mit Linksgewinde, Vorlagen für Linksdrall dagegen mit Rechtsgewinde, um dadurch ein Festsitzen des Druckstückes und damit meist Bruch der Nadel zu vermeiden. Ist die Neigung größer als 15°, so wird in die drehbare Büchse eine Führungsmutter eingebaut, deren Gewinde in Führungsnuten der Räumnadel (s. Abb. 58) eingreift. Abb. 70 zeigt die Anwendung einer Drallvorrichtung und das Räumen von gewundenen Nuten. In dem Bild sind verschiedene Arbeitsstücke zu sehen.

Abb. 70. Räumen gewundener Nuten.

Vorrichtungen zur mechanischen Beschickung siehe Abb. 108, Abschn. 57 und Abb. 111, Abschnitt 58.

IV. Innenräummaschinen.

A. Ausführungsformen.

Die in ihrem Bewegungsablauf einfache Innenräummaschine, die lediglich ein Hindurchziehen oder Hindurchschieben des Werkzeugs durch das Werkstück vorzunehmen hat, erlaubt nur die Ausbildung von wenigen Ausführungsformen. Es haben sich im Laufe der Zeit waagerechte und senkrechte Bauarten entwickelt. Das Werkzeug wird meist gezogen, bei leichten Schnitten, die nur kurze Zahnung benötigen oder bei stärkeren Durchmessern, die keine Knickung befürchten lassen, aber auch gedrückt. Eine Sonderbauart (Oilgear) schiebt das Werkstück senkrecht nach oben über die feststehende, am unteren Ende gehaltene Räumnadel.

B. Antrieb und Steuerung.

Die ersten Räummaschinen hatten mechanischen Antrieb. Solche Maschinen werden heute nur noch vereinzelt gebaut, da sich der hydraulische Antrieb, der gerade für das Räumen besondere Vorteile hat, nahezu vollkommen durchgesetzt hat. Die Vorzüge des hydraulischen Antriebs sind:

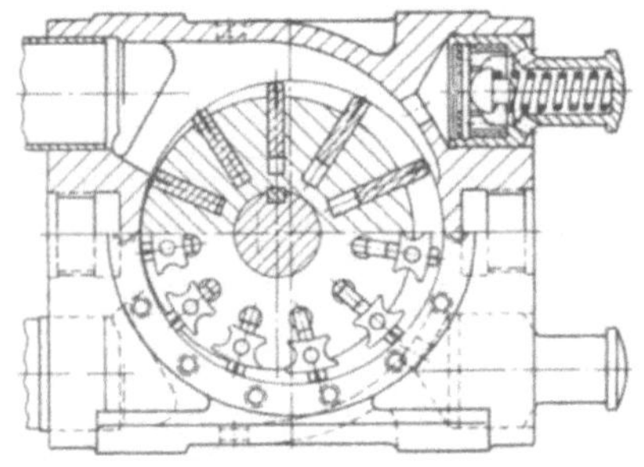

Abb. 71. Kapselpumpe. (Forst.)

hohe Hubgeschwindigkeit bei stoßfreiem Betrieb,
stufenlose Einstellmöglichkeit der optimalen Schnittgeschwindigkeit,
Schutz der Räumnadel gegen Überlastung.

38. Die Treibölpumpe. Das Herz des Antriebssystems ist eine in der geförderten Ölmenge stufenlos regelbare Pumpe, die entweder als Niederdruck- oder als Hochdruckpumpe ausgebildet ist. Bei der in Abb. 71 dargestellten Kapselpumpe (Niederdruck bis max. 22 atü) wird die Fördermenge und -richtung durch Verschieben des Pumpengehäuses im Verhältnis zur feststehenden Rotorachse verändert. Die in Schlitzen des Rotors gleitenden Flügel sind auf beiden Seiten durch Gleitsteine in Laufringen geführt, die auf der Innenseite der beiden Deckel des Gehäuses befestigt sind. Bei exzentrischer Lage des Rotors zum Gehäuse bestimmt der Unterschied der in das Öl eintauchenden Flügelabschnitte gegenüber denjenigen auf der entgegengesetzten Seite die geförderte Ölmenge.

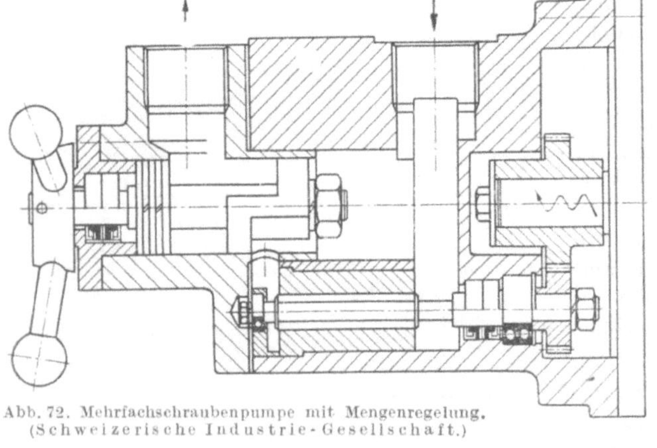

Abb. 72. Mehrfachschraubenpumpe mit Mengenregelung. (Schweizerische Industrie-Gesellschaft.)

Eine andere Pumpen-Konstruktion, die als Mehrfach-Schraubenpumpe ausgebildet ist und ebenfalls mit Niederdruck (20 atü) arbeitet (Abb. 72), regelt die Fördermenge durch einen zentral angeordneten Drehschieber, der je nach seiner Stellung die Teilmengen der einzelnen Förderschrauben entweder der Druckleitung zuführt oder sie auf die Ansaugseite zurückleitet.

Abb. 73 zeigt zwei Schnitte durch eine Axial-Kolbenpumpe. Der Antrieb der Kolben erfolgt durch eine Taumelscheibe. Befindet sie sich in der oben gezeichneten Stellung, so sind die Kolben ohne Hub; es wird also kein Öl gefördert. Wird nun das Lager, in dem sich die Taumelscheibe dreht, gekippt (Abb. 73, unten), so werden alle Kolben bei jeder Umdrehung einmal hin- und herbewegt: die Pumpe fördert. Kippen nach der anderen Seite führt zur Richtungsänderung des Ölstroms. Der Winkel der Schrägstellung bestimmt die geförderte Ölmenge und damit die Geschwindigkeit des Arbeitskolbens der Maschine.

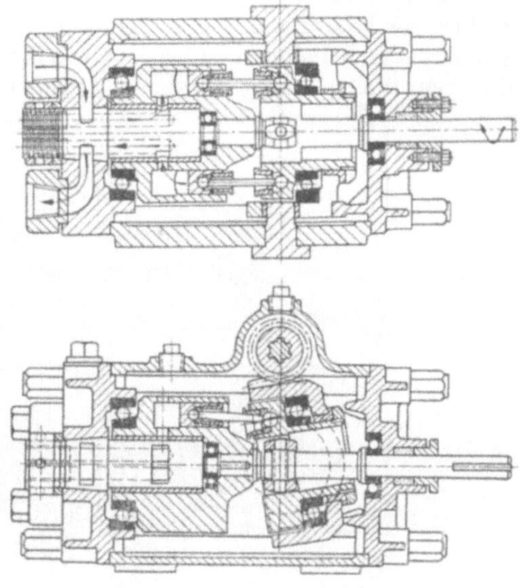

Abb. 73. Axial-Kolbenpumpe. (Lapointe.)

Hochdrucksysteme arbeiten mit Mehrfachkolbenpumpen (z. B. Oilgear) radialer Bewegungsrichtung. Ihr Druck liegt zwischen 75 und 175 atü, was den Vorteil hat, daß der Durchmesser des Arbeitszylinders kleiner sein kann als beim Niederdrucksystem.

39. Der Ölkreislauf. Der Ölkreislauf der in Abb. 74 dargestellten, durch Kapselpumpe angetriebenen waagerechten Räummaschine ermöglicht einen schnellen Rücklauf des Kolbens. Beim Arbeitsgang saugt die Pumpe *1* durch den oberen Stutzen das Öl aus der hohlen Kolbenstange *5* und einen Teil des hinter dem Arbeitskolben *6* zu verdrängenden Öles an und fördert es durch den unteren Stutzen vor den Arbeitskolben *6*. Die Stellung des Ventiles *4* ist dabei wie ausgezogen dargestellt. Die restliche, hinter dem Arbeitskolben *6* zu verdrängende Ölmenge wird in den Ölbehälter *9* gefördert. Für den Rücklauf wird durch ein mit dem Stößel gekuppeltes Gestänge die Exzentrizität der Enor-Pumpe nach entgegengesetzter Richtung geschaltet. Der Ölfluß ist hierbei als Doppelpfeil eingezeichnet. Die Pumpe saugt jetzt durch den unteren Stutzen Öl aus dem Zylinderraum vor dem Arbeitskolben *6* an und drückt es durch den oberen Stutzen in die hohle Kolbenstange *5*. Der Überdruck am oberen Stutzen bringt das Ventil *4* in die gestrichelt gezeichnete Lage. Das restliche, vor dem Arbeitskolben zu verdrängende Öl wird durch das Ventil *4* hinter den Arbeitskolben geleitet. Das hinter dem Kolben *6* noch fehlende Öl, das dem Inhalt der Kolbenstange entspricht, wird dem Ausgleichsbehälter *9* entnommen. Die Rücklaufgeschwindigkeit bis max 30 m/min ist sehr hoch, da die wirksame Kolbenfläche der hohlen Kolbenstange sehr klein ist. Eingestellt werden die Geschwindigkeiten durch Kurvenbolzen *2*, die die Exzenterstellung der Pumpe begrenzen. Der Arbeitsdruck in kg wird am Manometer *11* abgelesen. Ein einstellbares Sicherheitsventil *10* läßt das Öl in den Behälter abfließen und bringt die Maschine zum Stillstand, so bald der Arbeitszug den zulässigen, vorher eingestellten Höchstbetrag überschreitet.

Den zur Erhöhung der Übersichtlichkeit stark vereinfachten Ölkreislauf einer elektrisch gesteuerten, halbautomatischen Senkrechträummaschine mit Werkzeugheber und Werkzeugbefestiger zeigt Abb. 75. Die Axialkolbenpumpe *a* (zweimal, in Quer- und Längsansicht dargestellt) liefert nur das Öl für den Hauptarbeitszylinder. Die Hilfsbewegungen erhalten ihre Impulse aus besonderen Niederdruck-Ölkreisen, die an eine besondere Doppelkapselpumpe *f* mit gleichbleibender Liefermenge angeschlossen sind. Um das Bild nicht zu verwirren, wurden der Kreislauf der Werkzeugbefestigung und einige untergeordnete Hilfskreisläufe nicht gezeichnet.

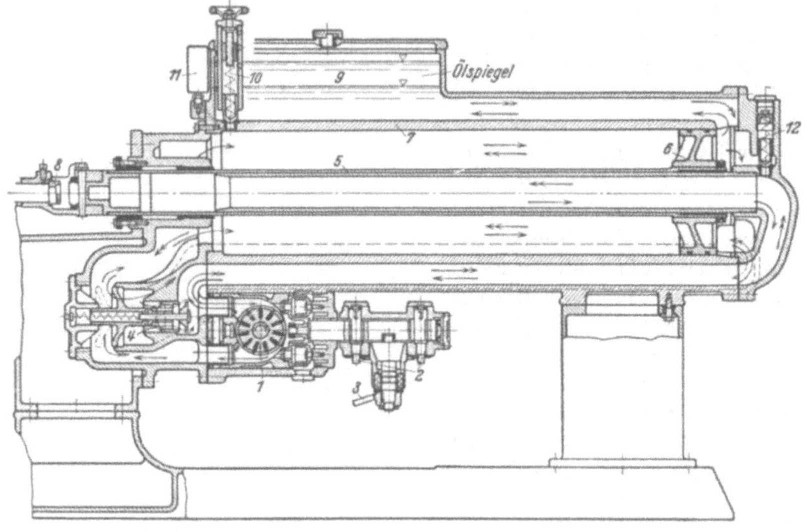

Abb. 74. Ölkreislauf einer waagerechten Räummaschine (Forst).

Die Bewegungen während eines vollen Hin- und Herganges des Arbeitskolbens laufen folgendermaßen ab:

Nachdem die beiden mit „Schnitt" bezeichneten Druckknöpfe gleichzeitig eingeschoben wurden — die Maschine hat zur Sicherheit des Bedieners Zweihandbetätigung —, wird das Vierwege-Ventil *d* zum Nadelheber *c*, in dem das Werkzeug hängt, elektrisch geöffnet. Das Öl fließt von Kapselpumpe *f*, rechter Teil, durch Drosselventil *h* und Steuerventil *d* zur oberen Seite des Heberkolbens und bewegt dadurch den Heber nach unten. Dadurch wird das Öl auf der unteren Seite verdrängt, fließt durch das Drosselventil *l* und kehrt dann, nachdem es im Belastungsventil *m* seinen Druck verloren hat, über Steuerventil *d* in den Ölbehälter zurück. Der Nadelheber bewegt sich solange nach unten, bis er mit seinem Steuernocken einen Anschlagschalter (nicht gezeichnet) geschlossen hat. Dadurch wird das Steuerventil des Werkzeugbefestigers (beide nicht gezeichnet) betätigt und das Werkzeug im Ziehkopf des Werkzeugschlittens *b* verriegelt.

Der Verriegelungsmechanismus schließt gleichzeitig den Stromkreis zur rechten Magnetspule des Pumpensteuerventils *e*. Der Ölstrom von Kapselpumpe *f*, linker Teil, wird über das Drosselventil *g* und Steuerventil *e* auf die rechte Seite des Pumpensteuerkolbens *a'* geleitet und dadurch die Taumelscheibe der Axial-Kolbenpumpe in eine schräge Lage gebracht, in der sie Öl zur Arbeitsseite des Hauptzylinders *b* fördert. Das Ausmaß dieser Schrägstellung wird durch Anschläge begrenzt, die vorher vom Bediener durch Einstellen der Geschwindigkeitshebel für Vor- und Rücklauf in die gewünschte Lage gebracht wurden. Mit dieser eingestellten Schnittgeschwindigkeit bewegt sich nun der Werkzeugschlitten nach unten. Der Werkzeugheber geht noch ein kurzes Stück mit, bis sein vom Kolben bewegter Teil zum Anschlag kommt. Das von Pumpe *f* geförderte Öl kehrt über Belastungsventil *o* wieder in den Ölbehälter zurück. Das auf der Rücklaufseite des Hauptzylinders verdrängte Öl fließt nach Durchfluß durch das Belastungsventil *i* unter atmosphärischem Druck zur Ansaugseite der Hauptpumpe. Wegen der Raumverdrängung der Kolbenstange auf der Rücklaufseite des Hauptzylinders genügt der Rückfluß zur Pumpe nicht für den Bedarf der Arbeitsseite; es muß daher noch zusätzliches Öl aus dem Ölbehälter durch Rückschlagventil *k* angesaugt werden. Das Öl auf der linken Seite des Steuerzylinders *a'* wird über Steuerventile *e* in den Ölbehälter zurückgeleitet.

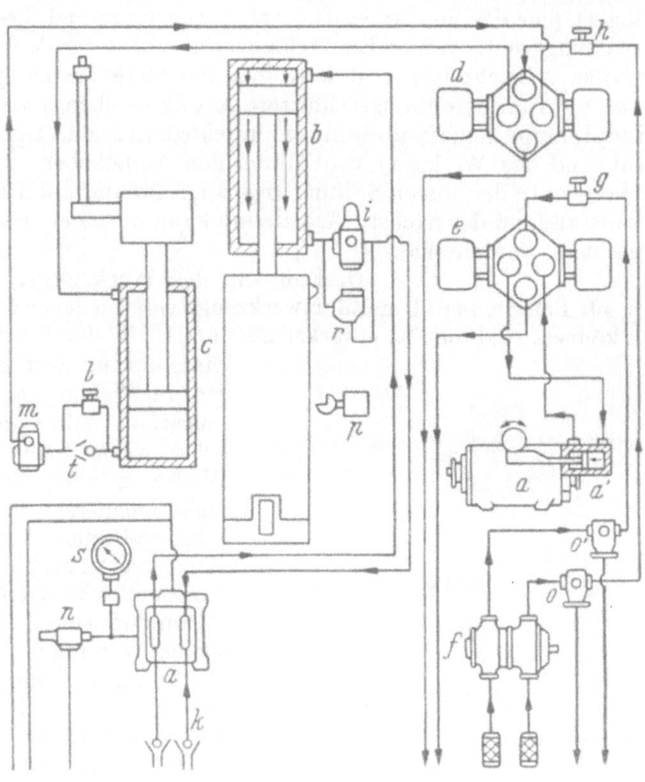

Abb. 75. Vereinfachter Ölkreislauf einer elektrisch gesteuerten Senkrecht-Innenräummaschine. (Lapointe).
a Axial-Kolbenpumpe, *a'* Hilfssteuerzylinder, *b* Hauptarbeitszylinder, *c* Nadelheber, *d* Vierwegeventil für Nadelheber, *e* Vierwegeventil für Hilfssteuerzylinder, *f* Hilfspumpe (Doppelkapselpumpe), *g* Drosselventil, *h* Drosselventil, *i* Belastungsventil, *k* Rückschlagventil, *l* Drosselventil, *m* Belastungsventil, *n* Überlaufventil, *o* Überlaufventil, *p* Anschlagschalter, *r* Rückschlagventil, *s* Manometer, *t* Rückschlagventil.

Die Abwärtsbewegung des Werkzeugschlittens bringt die vorher in richtiger Höhe befestigte Nase an seiner Seite in den Bereich des Anschlagschalters *p*. Dieser schaltet den Strom zur Magnetspule des Steuerventils ab und läßt es unter Federwirkung in die Null-Stellung zurückkehren, bei der der Ölstrom zur rechten Seite des Steuerzylinders *a'* abgeschnitten wird. Der dadurch aufgehobene Öldruck läßt auch die Taumelscheibe der Hauptpumpe unter Federdruck in die Null-Stellung zurückkehren, in der kein Öl gefördert wird: Der Werkzeugschlitten kommt zum Stillstand.

Für den Rücklauf muß der Bediener, nachdem er das geräumte Werkstück entfernt hat, erneut einen Druckknopf betätigen. Dadurch wird zunächst einmal das Werkzeug im Ziehkopf entriegelt (Mechanismus und Ölkreislauf nicht gezeichnet). Ein Anschlag am Verriegelungsmechanismus erregt über einen Schalter die linke Magnetspule des Pumpensteuerventils *e*. Das Ventil öffnet dem von der Kapselpumpe *f*, linker Teil, kommenden Ölstrom den Weg zur linken Seite des Steuerzylinders *a'*. Dessen Kolben bewegt sich nach rechts, kippt die Taumelscheibe nach der Richtung, in der Öl zur Rücklaufseite des Hauptarbeitszylinders gefördert wird, und drückt das auf der rechten Seite des Zylinders vorhandene Öl durch Steuerventil *e* in den Ölbehälter zurück. Das in die Rücklaufseite des Hauptzylinders gedrückte Öl wird dem von der Arbeitsseite zurückfließenden entnommen. Der infolge der Raumverdrängung der Kolbenstange dort vorhandene Ölüberschuß kehrt über Ventil *n* zum Ölbehälter zurück. Kurz vor Ende seiner Aufwärtsbewegung erreicht der Werkzeugschlitten mit dem oberen Ende der Nadel den Halter des Nadelhebers und schiebt den Heber ein kleines Stück nach oben, bis dessen Nase einen (nicht gezeichneten) Anschlagschalter berührt. Dadurch wird unmittelbar der Magnetspule des Steuerventils *d* Strom zugeführt und dieses so geöffnet, daß über Belastungsventil *m* und Rückschlagventil *t* Öl unter den Kolben des Nadelhebers gelangt. Gleichzeitig wird mittelbar die linke Magnetspule des Pumpensteuerventils *e* vom Strom abgeschnitten, so daß es ebenso wie die Taumelscheibe der Hauptpumpe in die Null-Stellung zurückfedern kann. Der Werkzeugschlitten steht still, und das Werkzeug wird durch den Nadelheber aus dem Ziehkopf herausgehoben. In der oberen Sellung angelangt, kommt dann auch der Nadelheber zum Stillstand, nd der nächste Arbeitshub kann beginnen, nachdem neue Werkstücke beschickt worden sind.

C. Führung des Werkzeugs.

40. Befestigung. Um Räumwerkzeuge verschiedener Größe und Art aufnehmen zu können, sind die Räumwerkzeughalter, in die der Schaft der Nadeln eingeführt wird, um ihn dort zu führen und zu befestigen, im Ziehkopf auswechselbar. Der Werkzeugschaft sollte im Werkzeughalter möglichst wenig Spiel haben, damit sich das Werkzeug nach Verlassen des Werkstücks nicht unzulässig senken kann. Einige Ausführungsformen von Werkzeughaltern für Waagerechtmaschinen zeigt Abb. 76. Die oben dargestellte Konstruktion ist für Keilnuten-Räumwerkzeuge mit rechteckigem Querschnitt bestimmt. Der Steckkeil, der das Werkzeug im Ziehkopf verriegelt, wird mit der Hand eingeschoben und nach dem Arbeitsgang entfernt. Die Flanken des Halters liegen nur an den Seiten eng am Werkzeugschaft an, während das Werkzeug in der Höhe Verschiebemöglichkeit hat. Dadurch ist es möglich, eine Einzelnute in mehreren Zügen zu räumen, indem in der Vorlage, in der die Nadel geführt wird, verschieden starke Unterlagleisten unter das Werkzeug geschoben werden.

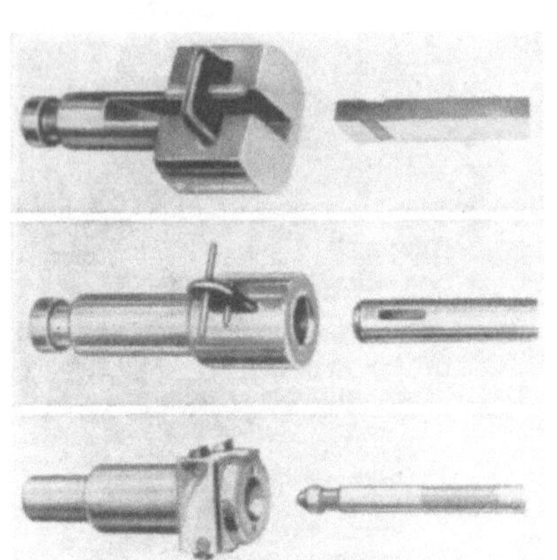

Abb. 76. Räumnadelhalter. (Forst.)

Der zweite Räumwerkzeughalter ist für Räumnadeln brauchbar, deren Schaft rund ist (Rundnadeln, Viereck- und Sechsecknadeln, symmetrische Profilwerkzeuge, Werkzeuge für Vielkeilprofile) und die ein Keilloch haben. Auch hier wird der Steckkeil mit der Hand eingeschoben und entfernt.

Die unten dargestellte Ausführungsform verriegelt den Werkzeugschaft, der eine entsprechende Eindrehung hat, selbsttätig und gibt ihn auch am Ende des Rückwärtshubes selbsttätig wieder frei. Sie ist die gegebene Lösung für Maschinen mit selbsttätigem Werkzeugzubringer.

41. Selbsttätige Werkzeughalter. Selbsttätige und schnelle Verriegelung und Freigabe des Werkzeugs im Ziehkopf im Wechseltakt mit dem Werkzeugheber ist besonders bei senkrechten Innenräummaschinen wichtig, die auf höchste Mengenleistung für Massenfertigung hin gebaut sind. Bei der in Abb. 77 gezeigten amerikanischen Konstruktion greifen vier Bolzen auf dem Umfang des Werkzeugschaftes in dessen Eindrehung ein. Ein Kragen, der die Bolzen in dieser Eindrehung hält, läßt sich gegen eine kräftige Feder axial verschieben, sobald er am oberen Ende an einen festen Anschlagring stößt. Durch diese Verschiebung des Kragens gelangen die Bolzen an ihrer hinteren Stirnseite in den Bereich einer Eindrehung des Kragens und können infolgedessen ausweichen, sobald in Achsrichtung des Werkzeugs ein Zug oder ein Schub ausgeübt wird. Weil sich diese Kräfte infolge der Schräge von Schafteindrehung und Bolzenende als Querkomponenten auswirken, werden die Bolzen zurückgedrückt und geben dadurch die Nadel frei bzw. lassen sie in die Hülse eintreten. Voraussetzung ist dabei, daß die Schafteindrehung an beiden Seiten die schräge Flanke hat und nicht nur an einer Seite, wie bei der deutschen Normausführung. Der Halter im Werkzeugheber, der das Endstück der Nadel aufnimmt, kann einfacher gestaltet sein, da axial nur begrenzte Kräfte einwirken, denen kräftige Rückdruckfedern das Gleichgewicht halten können.

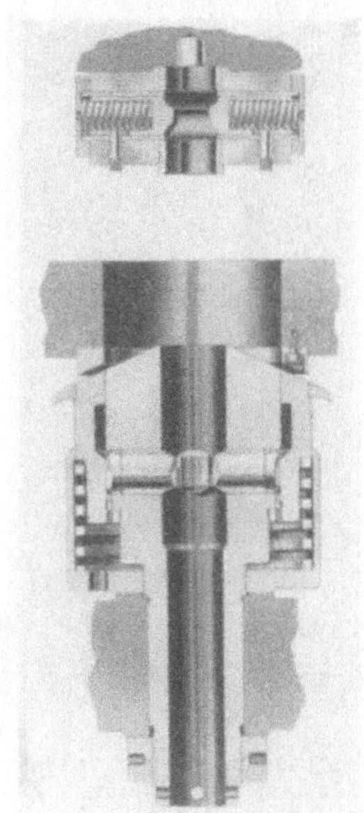
Abb. 77. Selbsttätige Nadelhalter für Ziehkopf und Zubringer. (Oilgear.)

42. Werkzeugzuführung. Die Werkzeugzuführung an Räummaschinen soll das Werkzeug tragen und in Achsrichtung halten. Bei waagerechten Maschinen ist dies nötig bei besonders langen und bei besonders schweren Werkzeugen, bei denen die Zuführung durch die Hand Schwierigkeiten bereitet. Zur Abkürzung der zwischen den Schnitten liegenden Nebenzeit wird der Werkzeugzuführung selbsttätige Bewegung gegeben. Bei senkrechten Maschinen ist dies die Regel.

Die in Abb. 78 gezeigte Werkzeugzuführung wird in zwei Stangen geführt, die unmittelbar neben den Wangen des Maschinentroges angeordnet sind. Bewegt wird sie von einem im Grunde des Troges sichtbaren hydraulischen Zylinder aus, dessen Kolben die beiden Werkzeuge vor Beginn des Arbeitshubes durch das vorgebohrte Werkstück hindurch dem Ziehkopf zuführt und sie bei ihrer Rückkehr wieder in ihrem Endstück aufnimmt und so weit zurückbewegt, daß zwischen Werkstückvorrichtung und den Nadelschäften genügend Raum zum Beschicken mit neuen Werkstücken bleibt. Damit die Nadeln bei der äußeren Stellung des Zuführungsschlittens sich nicht durchbiegen, werden sie von den Prismen eines Hilfs-

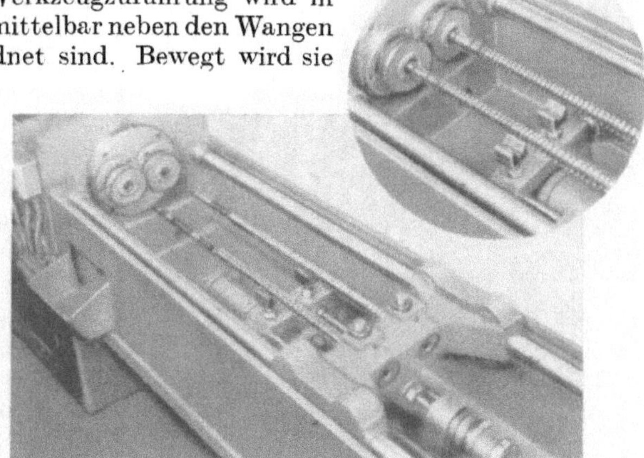
Abb. 78. Hydraulischer Zubringer für waagerechte Räummaschine. (Colonial.)

Abb. 79. Zubringer einer senkrechten Räummaschine mit Räumwerkzeugen am Anfang des Räumhubes. (Oilgear.)

schlittens abgestützt, die sich bei Erreichen der oben dargestellten inneren Endlage senken.

Die Bewegungsfolge des Räumwerkzeug-Zubringers einer senkrechten Innenräummaschine ist in den Abb. 79—81 dargestellt. Bei der Zubringer-Stellung in Abb. 79 hängen die Werkzeuge in den Haltern des Zubringerschlittens. In dieser Stellung werden neue Werkstücke eingelegt, wobei der Bediener beide Hände gleichzeitig benutzen kann. Anschläge auf dem Werkstücktisch sorgen dafür, daß die Bohrungen der Werkstücke ungefähr unter die Werkzeugschäfte zu liegen kommen. Gespart wird hier gegenüber der Werkzeugzuführung von Hand das sorgfältige Einfädeln der Nadel. Nach beidhändigem Drücken der links und rechts angeordneten Startknöpfe bewegt sich der Zubringerschlitten schnell nach unten, zentriert durch die kegelige Ausbildung der Stirnseiten von Schaft und Aufnahme der Nadeln die Werkstücke und schiebt die Nadelschäfte in die selbsttätigen Werkzeughalter des unter dem Werkstücktisch liegenden Ziehkopfes. Dieser setzt sich dann selbsttätig nach unten in Bewegung und beginnt die Werkstücke zu räumen. Während des ersten Teiles des Arbeitshubes sind die Werkzeuge auf beiden Seiten, im Ziehkopf und im Zubringer, geführt. Im weiteren Verlauf des Hubes wird in einer vorher eingestellten Höhe der Zubringer zum Stillstand gebracht, die Werkzeuge werden aus dessen Haltern herausgezogen und setzen nun mit freien Enden die Abwärtsbewegung fort (Abb. 80). Nach Beendigung des Durchgangs kommt der Ziehkopf zum Stillstand, und die geräumten Werkstücke werden entfernt. Nach Drücken der beiden Startknöpfe kehrt der Ziehkopf mit den Werkzeugen schnell nach oben zurück, die Endstücke der Werkzeuge treten wieder in die Halter des Zubringers ein, und Ziehkopf, Werkzeuge und Zubringer bewegen sich zusammen nach oben (Abb. 81). In der oberen Endstellung des Ziehkopfes stößt der Kragen des Werkzeughalters im Ziehkopf gegen einen festen Ring (s. Abb. 77), die

Abb. 80. Zubringer wie Abb. 79 während des Räumhubes.

Werkzeugschäfte lösen sich vom Ziehkopf, und die Werkzeuge werden vom Zubringer so weit gehoben, daß genügend Zwischenraum zwischen den Schäften und dem Werkstücktisch bleibt, um neue Werkstücke einlegen zu können. Sowohl der Ziehschlitten als auch der Zubringer werden selbsttätig stillgesetzt.

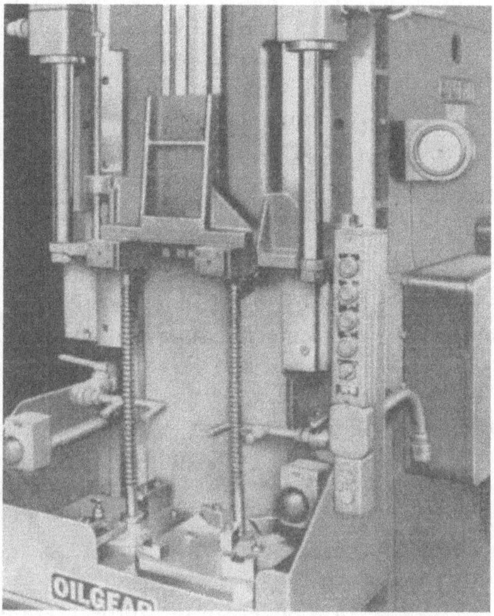

Abb. 81. Zubringer wie Abb. 79 und 80 während des Rückwärtshubes.

Abb. 82. Drallführung der Räumnadel durch Leitspindel. (Colonial.)

43. Drallführung. Wenn in einem Werkstück mehrere gewundene Nuten einzuarbeiten sind, so genügt es im allgemeinen, soweit der Windungswinkel weniger als 15° beträgt, wenn das Werkstück in einer drehbaren Vorrichtung aufgenommen wird (s. Abb. 69). Werkstück und Vorrichtung werden dann durch die Flanken der Zahnungskeile auf dem gegen Drehung gesicherten Werkzeug gedreht und so die Nuten schraubenförmig eingearbeitet. Werden jedoch hohe Genauigkeitsansprüche gestellt und soll ein Windungswinkel von über 15° eingearbeitet werden, so ist es erforderlich, das Werkzeug durch Führungsnuten (s. Abb. 58) die Werkstückvorlage zwangsläufig drehen zu lassen (s. Abschnitt 37) oder es während des Hubes durch eine besondere Leitspindel selbst zu drehen (Abb. 82). Das Werkstück wird im zweiten Falle in der Vorrichtung undrehbar festgehalten.

D. Beispiele von Innenräummaschinen.

44. Waagerechte Räummaschinen. Für die Bearbeitung von in Form und Größe wechselnden Arbeitsstücken, die in kleinen und mittleren Serien hergestellt werden sollen, ist die waagerechte Räummaschine am besten geeignet. Wenn sie auch nicht die hohe Leistung senkrechter Maschinen hat, so ist sie doch leicht umzustellen und hat den weiteren Vorzug, daß sie bei gleicher Zugkraft und Hublänge billiger ist. Dies gilt besonders für die mechanisch angetriebenen waagerechten Bauarten. Sie sind überall dort am Platze, wo es sich darum handelt, gelegentlich verhältnismäßig kleinen Reihen von Werkstücken maßgenaue Durchbrüche mit Profilen zu geben, die auf andere Weise nur mit großem Zeitaufwand eingearbeitet werden könnten, wie es z. B. oft im Maschinenbau der Fall ist. Der Einbau eines Ölkissens mit Druckmesser, an dem die Zugkraft jederzeit abgelesen und überwacht werden kann, beseitigt das den Räumnadeln schädliche, im allgemeinen harte Arbeiten mechanisch angetriebener Maschinen (Abb. 83). Leistungszahlen dieser Maschine sind: Zugkraft max. 15 t; größter Hub: 1118 mm; 3 Schnittgeschwindigkeiten: 1,8 m/min, 2,7 m/min und 4 m/min durch Einhebelschaltung einstellbar; Rücklaufgeschwindigkeit 8 m/min; Bohrungsdurchmesser im Maschinenkopf 127 mm. Die Maschine ist nur für Innenräumarbeiten verwendbar. Bei der in Abb. 84 dargestellten hydraulisch angetriebenen Maschine ist der Grundsatz der vielseitigen Verwendbarkeit besonders berücksichtigt. Ein in der Höhe verstellbarer Winkeltisch erlaubt auf seinen Aufspannflächen den Aufbau auch verwickelter Vorrichtungen zur Aufnahme von Werkstücken, die für das Innenräumen schwierig festzulegen und zu spannen sind, sowie von solchen, die außengeräumt werden sollen. Besonders wertvoll ist beim Innenräumen der Winkeltisch dann, wenn die Achse der zu räumenden Bohrung parallel zu einer bearbeiteten Fläche verläuft oder die Ausdehnung in Achsrichtung ein Mehrfaches derjenigen in Querrichtung beträgt. Die Zugkraft beträgt 15 t, die Hublänge max. 1250 mm, der größte Werkzeugdurchmesser 80 mm. Die Schnittgeschwindigkeit ist von 0—5,6 m/min, die Rücklaufgeschwindigkeit von 12—30 m/min stufenlos einstellbar.

Abb. 83. Waagerechte Räummaschine mit mechanischem Antrieb und Ölkissen. (Kendall & Gent.)

Abb. 84. Waagerechte hydraulische Räummaschine mit Winkeltisch. (Schweizerische Industrie-Gesellschaft.) *a* Werkzeugzubringer, *b* Winkeltisch, in der Höhe verstellbar (Außenräumen), *c* Hahn für Kühlmittel, *d* Planscheibe, *e* Handhebel für Ein- und Ausschalten von Arbeits- und Rückhub (automatisches Ausschalten durch verstellbare Anschläge), *f* Werkzeugeinspannvorrichtung, *g* Kühlmittelbehälter, *h* Zugstange, *i* Kühlmittelpumpe mit Motor, *k* Manometer für Zugkraft, *l* Handrad für die Einstellung der max. gewünschten Zugkraft, *m* Hebel für das Regulieren der Hubgeschwindigkeit der Zugstange, *n* Ölstandanzeiger.

45. **Senkrechte Innenräummaschinen** sind ausgesprochene Massenproduktionsmaschinen. Sie haben hohe Schnittgeschwindigkeit, halbautomatische oder vollautomatische Bewegungsfolge, einen mechanischen Zubringer für das Werkzeug und selbsttätige Verriegelung und Entriegelung des Werkzeugs in Ziehkopf und Zubringer. Die senkrechte Bewegungsrichtung des Werkzeugs ist für den Zutritt der Schneidflüssigkeit zu den Spanbildungsstellen günstig und erhöht dadurch die Lebensdauer des Werkzeugs. Auch die Arbeitsgenauigkeit ist größer. Im Produktionsverband mit anderen Maschinen ist ihr geringerer Bedarf an Bodenfläche von Vorteil, dem indessen der Nachteil der übermäßigen Tischhöhe gegenübersteht, die dazu zwingt, die Maschinen entweder in einer Grube aufzustellen, wenn der Bediener auf Fußbodenniveau stehen soll (vorzuziehen wegen besserer Möglichkeiten für eine rationelle Förderung und Werkstückbereitstellung und -ablage, die bei der

hohen Mengenleistung des Räumens stark ins Gewicht fallen) oder aber einen besonderen Standsockel vor der Maschine anzubringen (Abb. 85). Zu beachten ist der bei gleicher Zugkraft und Hublänge etwa doppelt so hohe Preis gegenüber der waagerechten Bauart. Leistungsgrößen für die in Abb. 85 gezeigte Maschine sind: Zugkraft max. 8 t, größter Hub 1100 mm, größter Werkzeugdurchmesser 70 mm, Schnittgeschwindigkeit stufenlos regelbar bis 14 m/min, Rücklaufgeschwindigkeit 20 m/min (nicht regelbar), Tischgröße 275 mm Ø.

Bei den amerikanischen Bauarten senkrechter Innenräummaschinen fällt die wesentlich größere Tischfläche auf, die es zusammen mit der Auswechselbarkeit der

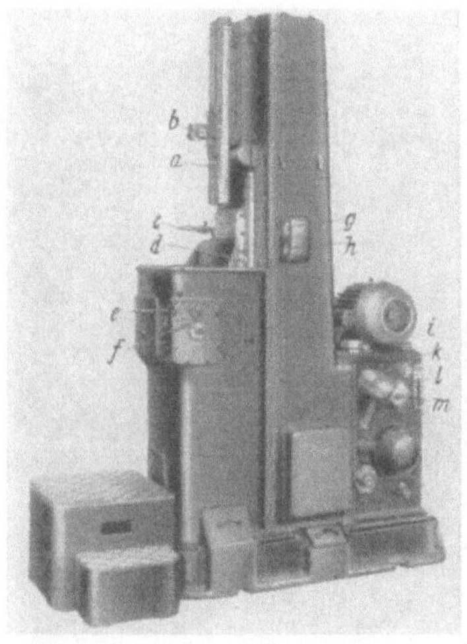

Abb. 85. Senkrechte Innenräummaschine. (Forst.)
a Räumwerkzeug-Zubringer, *b* Zubringerkopf mit selbsttätiger Verriegelung des Räumwerkzeuges, *c* obere Kühlmittelleitung, *d* verstellbarer Anschlag, *e* Unterbrechen aller Bewegungen, ohne Motor stillzusetzen, *f* Hebel für Arbeitsgang, Rücklauf, Zubringerbewegung, *g* Druckmesser für Zugbelastung, *h* Druckmesser für Vorsteuerung, *i* Einfüllöffnung, *k* Einstellen der Zugkraft *l* Ölstandglas für Treiböl, *m* Einstellen der Arbeitsgeschwindigkeit.

Abb. 86. Senkrechte Innenräummaschine mit elektrischer Steuerung. (Lapointe.)

Tischplatte erlaubt, mehrere Werkzeuge — bis zu 4 — nebeneinander arbeiten zu lassen. Auch übermäßig großen Werkzeugdurchmessern ist keine feste Grenze gesetzt, weil eine entsprechende Tischplatte aufgesetzt werden kann, wenn solche großen Werkzeuge auch im allgemeinen nur leichte Schnitte nehmen können, weil sonst die Durchzugskraft der Maschine überschritten würde. Die Steuerung ist teilweise elektrisch. Zweihandbedienung, auch bei den hydraulisch gesteuerten Maschinen, schließt Unfälle aus. Die Leistungsgrößen für die in Abb. 86 dargestellte Maschine sind: Zugkraft normal 13,6 t, max. 16,3 t; größter Hub 1065 mm; Schnittgeschwindigkeit stufenlos einstellbar bis 7,6 m/min; Rücklaufgeschwindigkeit stufenlos einstellbar bis 15,2 m/min, Tischgröße 915 mm breit, 445 mm tief.

46. Kombinierte Innen/Außenräummaschinen. Das Bestreben, Räummaschinen für vielseitige Verwendung zu schaffen, führte zum Bau kombinierter Innen/Außenräummaschinen senkrechter Ausführung. Unter den von verschiedenen

Firmen — Forst, Oilgear, American Broach (auch für Druckräumen zu verwenden), RBV — entwickelten Konstruktionen ragt die von der letztgenannten Firma gebaute Maschine dadurch hervor, daß sie erlaubt, die Räumnadel am hinteren Ende bis fast zum Ende des Räumhubes im Werkzeugzubringer zu führen. Dieser Zubringer ist auf der für die Anbringung von Außenräumwerkzeugen bestimmten Aufspannfläche des Räumschlittens befestigt und macht den Abwärtshub bis zu dem Augenblick mit, in dem das untere Ende seines Spannkopfes eine unmittelbar über dem Werkstück ausladende Anschlagbrücke berührt (Abb. 87). Je nach der Höhe des Werkstücks kann diese Brücke senkrecht verstellt werden. Die Leistungs-

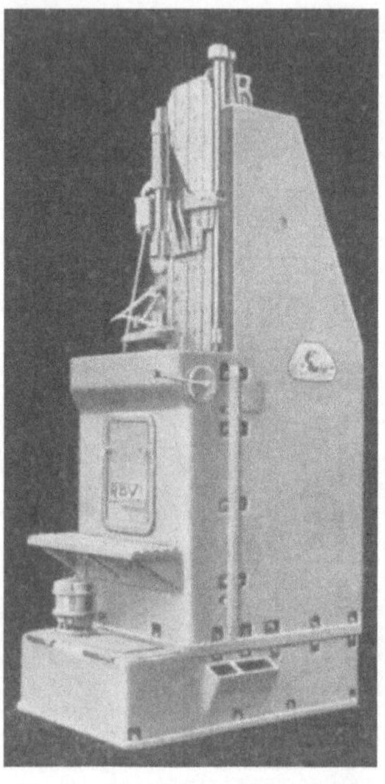

Abb. 87. Kombinierte Innen/Außenräummaschine. (L'Outillage RBV.)

Abb. 88. Innenräummaschine mit Aufwärtszug. (American Broach.)

daten dieser Maschine sind: Zugkraft max. 15 t, größter Hub 1300 mm; Schnittgeschwindigkeit stufenlos einstellbar bis max. 6 m/min; Rücklaufgeschwindigkeit stufenlos einstellbar bis 8 m/min; Tischgröße etwa 900 mm breit, 400 mm tief.

47. Innenräummaschine mit Aufwärtszug. Gegenüber den beschriebenen Maschinen mit Abwärtszug hat die Bauart, die mit Aufwärtszug der Räumnadel arbeitet, den entscheidenden Vorzug, daß die Beschickungshöhe, von der Grundfläche der Maschine aus gemessen, genügend niedrig liegt, um eine Aufstellung der Maschine auf dem Fußboden der Werkstatt zuzulassen (Abb. 88). Die Werkstücke werden auf die aus der schrägstehenden Platte herausragenden Nadeln gesteckt und zwar auf deren Aufnahmeteil. Nach dem Einschalten des Arbeitsganges — Zweihandbedienung — werden die Nadeln durch den unter dem Tisch befindlichen Nadelheber gehoben und nehmen dabei die Werkstücke bis unter den Winkeltisch mit, unter dessen unterer Fläche sie durch den Zug der Räumnadel festgehalten werden. Die Nadelschäfte, die in diesem Augenblick durch den Winkeltisch nach oben herausragen, werden dann von den Werkzeughaltern des Räumschlittens erfaßt und nach oben gezogen. Sobald die Nadeln die Werkstücke verlassen haben, fallen diese nach unten auf ein von hinten vorgeschwenktes Blech, das sie nach vorne vor den schrägstehenden Abdecktisch ableitet, von wo sie in einer seitlich schrägen Rinne außerhalb der Maschine in den Werkstückbehälter geleitet werden. Die Nadeln können also ohne längeren Stillstand sofort wieder nach unten zurückkehren. Unterhalb des Abdecktisches werden sie dann wieder vom Nadelheber aufgenommen. Für die mechanische Werkstückzuführung kleiner Teile, die in laufender Massenfertigung geräumt werden sollen, bietet die Aufwärtsbewegung der zu Beginn des Arbeitshubes oben offenen Nadeln günstige Möglichkeiten, da die Teile durch sie aus ihrer Bereitschaftslage heraus leicht mitgenommen werden können. Leistungsdaten: Zugkraft normal 10 t, max. 14 t; größte Räumwerkzeuglänge 800 mm; Schnittgeschwindigkeit stufenlos einstellbar bis 9 m/min; Rücklaufgeschwindigkeit stufenlos bis 18 m/min; größter Werkstückdurchmesser 280 mm; halbautomatische und vollautomatische Bewegungsfolge möglich.

V. Fehler beim Innenräumen.

48. Unbeachtete Abstumpfung. Das Werkstück Abb. 89 ist ein verunglückter Vierkant. Räumnadeln für Vierkante mit abgerundeten Ecken werden so ausgeführt, daß sie Spanzunahme nur in den Ecken haben (s. Abb. 36). Der Vorgang beim Verlaufen der Nadel mag folgender gewesen sein: die ersten Zähne sind durchgelaufen, als eine Verschiebung des Profils in Richtung des Pfeils 1 beginnt. Nachdem die Räumnadel noch um einige Zähne weiter gelaufen ist, macht sich auch eine Verschiebung in Richtung des Pfeils 2 bemerkbar, die jedoch bald, zusammen mit der ersten Verschiebung, aufhört, so daß die Räumnadel in dieser verschobenen Stellung das Profil fertigräumt. Was kann nun die Ursache dieses Mißerfolges sein? Da die Räumnadel durch Drehen und Rundschleifen geformt ist, die Schneidenwinkel also alle gleich sind, kommen hier Mängel nicht in Betracht. Allem Anschein nach sind die Zähne auf den entsprechenden Seiten der Nadel stumpf gewesen, denn nur so läßt sich dieses Abwandern erklären. Man kann leicht durch Befühlen der einzelnen Schneiden mit den Fingerspitzen feststellen, ob die entsprechenden Zähne scharf oder stumpf sind. Nacharbeit durch Ölstein kann den Fehler beseitigen.

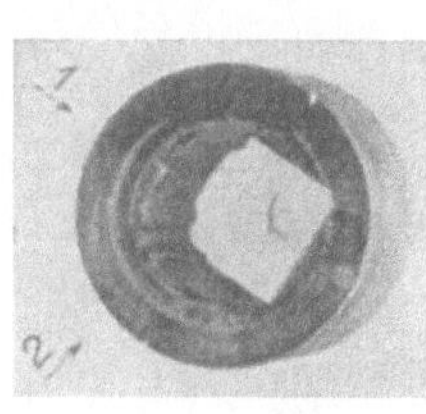

Abb. 89. Versetztes Vierkantloch.

Abb. 90. Fehler: stumpfer Zahn.

In das Schraubenrad Abb. 90 wird die Keilnute mit Nutenziehmesser eingeräumt. Zu diesem Zweck wird das Rad auf einen Dorn genommen, der eine Führungsnute für die Räumnadel hat. Die Nadel hatte nun bei diesem Werkstück einen im Laufe der Arbeit stumpf gewordenen Zahn, der den Werkstoff anders zerspante als vorgesehen. Hierdurch verstopfte sich die Spankammer, und die weiter zufließende Spanmenge verursachte ein Abbiegen des Zahnes, was Spanverstärkung bedeutet. Der zerspante Werkstoff schaffte sich mit

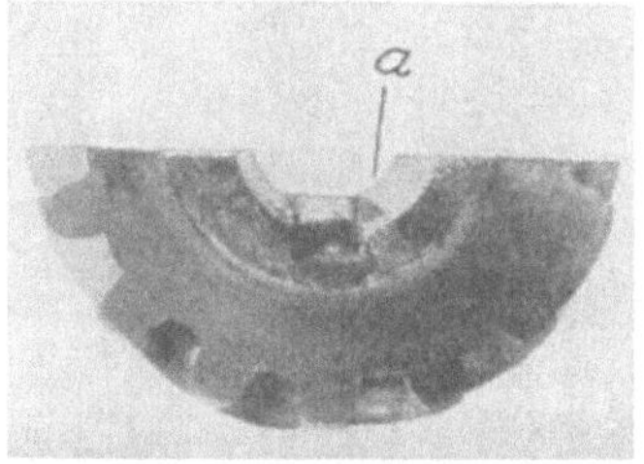

Abb. 91. Fehler: stumpfer Zahn.

Gewalt Platz und trat seitlich aus, so daß sich die bei *a* angedeutete Ausfressung bildete. Abb. 91 zeigt das zerschnittene Rad in der Ansicht von vorn. Hier ist deutlich zu erkennen, wie der Werkstoff seitlich gedrückt wurde, so daß die Maschine hängenblieb. Der als Aufnahme benutzte Dorn war natürlich an der Fehlerstelle stark beschädigt und saß im Werkstück fest. Die Prüfung der Nadel ergab, daß tatsächlich der Zahn eine bleibende Veränderung von mehreren Zehnteln erlitten hatte. In Wirklichkeit hat er also noch höher gestanden, denn auch die Tiefe des „Loches" beträgt radial gemessen rund 0,5 mm. Man soll, um die Nadel vor derartigen Beschädigungen zu schützen, öfters nachschärfen lassen.

49. Konstruktionsfehler. Der in Abb. 92a u. b gezeigte Mißerfolg läßt sich dagegen auf einen Konstruktionsfehler der Räumnadel zurückführen. Abb. 92a zeigt

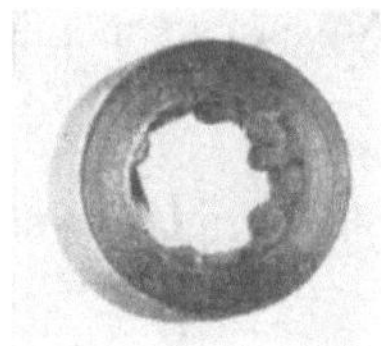

a

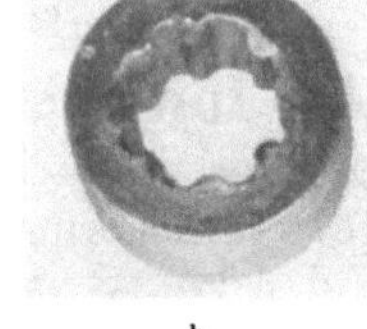

b

Abb. 92. a u. b. Ein- und Auslaufseite.

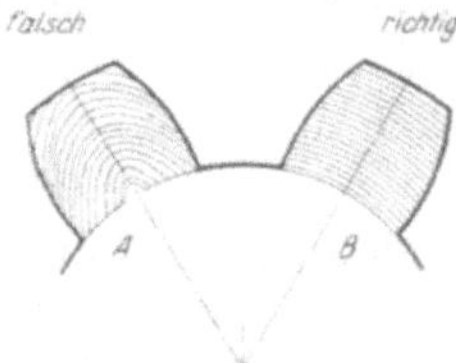

Abb. 93. Spanzunahme.

die Einlaufseite, Abb. 92b die Auslaufseite einer Stahlbüchse mit Innenverzahnung. Es ist, besonders an der Auslaufseite, zu sehen, wie der Werkstoff zerdrückt ist, so daß er an beiden Seiten des Loches hervortrat. Dieser Fehler hat seine Ursache in schlechtem Spanabfluß. Er wurde hier durch einen Fehler bei der Konstruktion der Nadel verhindert: anstatt die Nadel die Lücken nach *B* (Abb. 93) ausarbeiten zu lassen, hat man nach *A* zu räumen versucht. Die Späne der Zahnflanken konnten sich nicht entwickeln, rollten vielmehr gegeneinander und verstopften die Spankammer. Da immer neuer Werkstoff hinzufloß, für die Abfuhr aber nicht gesorgt wurde, preßten sich die Späne, und zwar so stark, daß die Wandung der Stahlbüchse beiseite gedrückt wurde und am Ein- und Auslauf heraus-

Abb. 94. Auslaufseite.

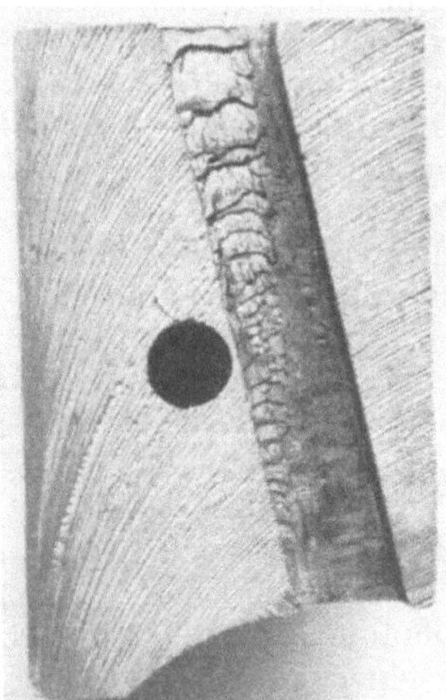

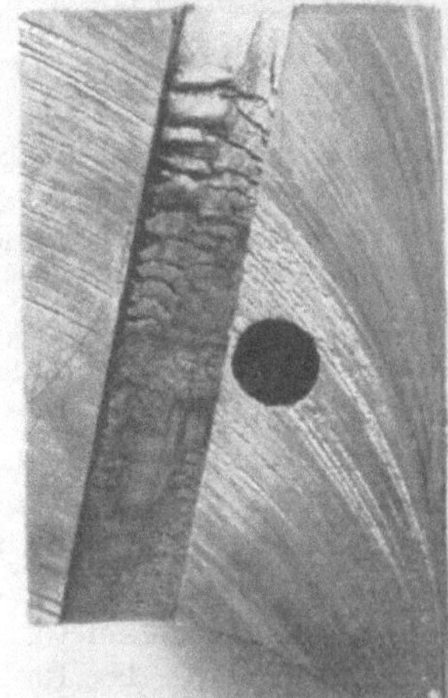

Abb. 95. Sägenschnitt durch die Bohrung.

quoll. Es kann hiernach als Regel gelten, daß die *Steigung der Nadel nur radial zu nehmen* ist.

Beim Werkstück Abb. 94 und 95 ist infolge eines Konstruktionsfehlers der Nadel der Werkstoff herausgerissen und beiseitegequetscht worden. Abb. 94 zeigt die Auslaufseite in Ansicht, Abb. 95 einen Sägenschnitt durch die beschädigte Bohrung. Es ist deutlich zu erkennen, daß die Räumnadel anfangs, solange die Späne wenig gehindert abfließen konnten, gut arbeitete, bis eine Verstopfung eintrat, die den Werkstoff in immer größer werdenden Stücken herausriß. Die Nadel war so ausgeführt, daß alle vier Seiten des Rechteckes zugleich schnitten, die Späne also allseitig abgenommen wurden. Die Verzahnung hätte hier so ausgeführt werden müssen, daß z. B. alle Zähne mit geraden Zahlen an der kurzen, alle Zähne mit ungeraden Zahlen dagegen an der langen Rechteckseite Spanzunahme hatten, wie aus Abb. 41 zu erkennen ist.

50. Unaufmerksamkeit bei der Werkstückbeschickung. Räumarbeiten werden meist von *angelernten Leuten ausgeführt.* Wenn auch die nötigen Handgriffe keine schwierigen Überlegungen verlangen, *so darf doch nicht gedankenlos gearbeitet werden.* Daß sonst Beschädigungen der Räumnadel vorkommen können, soll an Abb. 96 gezeigt werden. In die abgebildete Hülse soll mit zwei Räumnadeln ein Vierkant eingeräumt werden. Die Hülsen werden in größeren Reihen hergestellt und alle erst mit einer, dann mit der anderen Nadel bearbeitet. Aus irgendeinem Grunde kam die abgebildete Hülse nach dem ersten Arbeitsgang wieder zu dem Stapel der ungeräumten Werkstücke und wurde später nochmals mit der ersten Nadel bearbeitet. Zufällig hatte der bedienende Arbeiter den Fehler nicht bemerkt, ebenso zufällig wurde auch das Werkstück zum ersten Zug um 45° versetzt auf die Aufnahme der Räumnadel gesteckt, so daß das Spiel zwischen Werkstück und Aufnahme nicht bemerkt wurde. Nachdem die Räummaschine eingerückt war, räumten die Zähne genau neben den ersten Vierkantecken, so daß die Führung der Nadel in der Bohrung nach ganz kurzer Laufstrecke verlorenging und das Werkzeug abwanderte. Dabei bildeten sich auf der einen Seite sehr starke, auf der anderen Seite dagegen kaum merkliche Späne. Am Arbeitsgeräusch merkte der Arbeiter, daß etwas nicht in Ordnung war, und rückte die Maschine aus. Nachdem man die Räumnadel durch zwei Sägenschnitte von dem Werkstück befreit hatte, kam der Fehler zutage. Es ist aus der Abbildung deutlich zu ersehen, wie sich auf der einen Seite schwache, auf der anderen sehr starke Späne bildeten.

Abb. 96. Werkstück zweimal geräumt.

Durch Unachtsamkeit war die Nadel sehr stark in Gefahr geraten, sie wäre beim Weiterlaufen zerbrochen. Als geringste Forderung kann gelten, daß der bedienende Arbeiter vor dem Zusammenstecken von Werkstück und Nadel die Bohrung ansieht, denn auch in ihr verbliebene Späne können zu Störungen Anlaß geben.

51. Ungleichmäßigkeit des Werkstoffs. Abb. 97 zeigt einen Fehler, der auf ungleichmäßiges Material zurückzuführen ist. Hier handelt es sich um eine „weiche“ Stelle im Werkstoff (Stahl von 40⋯50 kg/mm² Festigkeit und 32 % Dehnung). Nachdem eine große Menge dieser Werkstücke geräumt war, zeigte sich an dem abgebildeten Werkstück die Abquetschung des Werkstoffes. Die Räumnadel lief zwar durch, aber das Arbeitsstück war Ausschuß. Die anfängliche Annahme, daß die Nadel stumpf sei, erwies sich als unrichtig. Durch Kugeldruckprobe konnte der oben angeführte Werkstoffehler festgestellt werden. Die weiche Stelle des Werkstückes

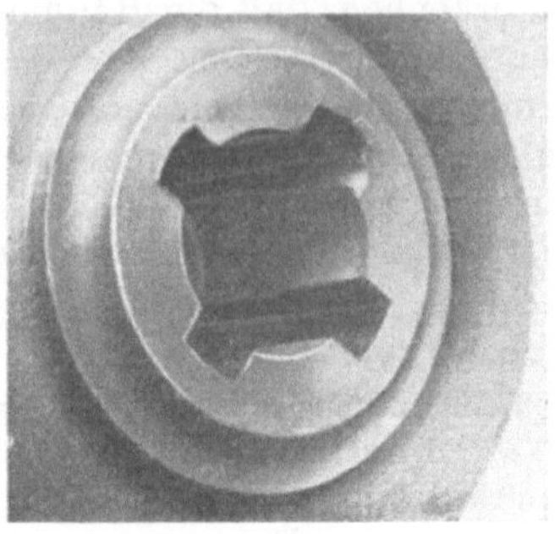

Abb. 97. Werkstoffehler.

hätte größeren Spanwinkel der Schneidezähne erfordert, damit die Späne rollen konnten wie vorgesehen war. Der Vorgang beim Räumen wird ungefähr folgender gewesen sein; da der Werktoff an der weichen Stelle nicht in einer Locke, sondern infolge des für diese Stelle falschen Spanwinkels in Brocken zerspant wurde, verstopften diese die Spankammern und drückten auf den betreffenden Zahn. Weiter hinzukommende Späne erzeugten zuletzt so starken Druck, daß der Zahn um einen ganz geringen Betrag zurückgebogen wurde, die Spanstärke also noch zunehmen mußte, wodurch wiederum größere Spanmengen zugeführt wurden, die von der Spankammer nicht aufgenommen werden konnten. Da natürlich jede weitere Spanzufuhr die auf den Zahn und die Wandung drückenden Kräfte vergrößerte, mußte schließlich der Werkstoff nachgeben und mitgehen, wobei die aus Abb. 97 zu ersehenden Spuren zurückblieben.

52. Schiefe Anlagefläche. Ein verunglücktes, durch Aufsägen von der Räumnadel befreites Werkstück ist in den Abb. 98 und 99 gezeigt. Diese Kegelradroh-

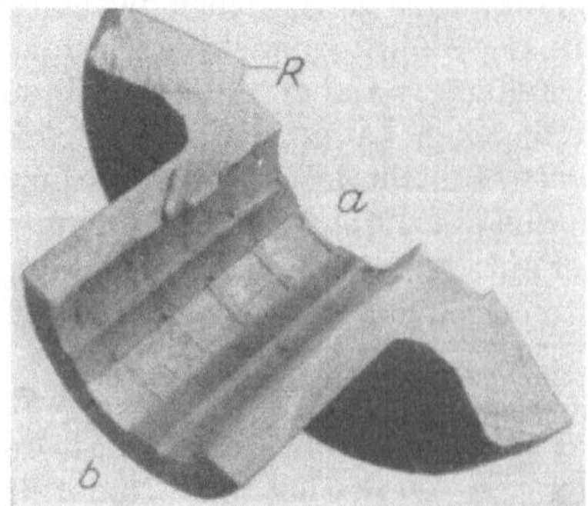

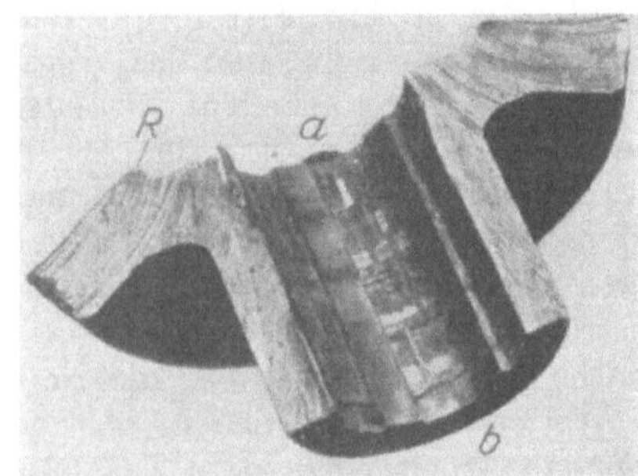

Abb. 98 u. 99. Räumfehler, hervorgerufen durch schiefe Anlagefläche.

linge werden mit Spiralbohrer vorgebohrt und dann auf der Drehbank innen auf Schleifmaß bearbeitet. Hier wird auch der mit *R* bezeichnete Rand gedreht, als zur Bohrung senkrecht stehende Fläche. Aus Unachtsamkeit des Drehers wurde bei dem einen Rad die Bearbeitung des Randes vergessen und der Fehler beim Räumen nicht weiter beachtet. Durch die schräge Anlagefläche wurde die Nadel abgebogen und schief in das Loch hineingezogen. Je weiter sie in das Werkstück hineinging, um so mehr bog sie sich durch und erzeugte auf der einen Seite des Loches einen sehr starken Span, und ebenso auf der anderen Seite, am gegenüberliegenden Umfang. Die Maschine blieb stehen, die Räumnadel saß fest.

Bisweilen zeigen sich in einer geräumten Bohrung wellenartige Marken, ähnlich den bekannten Rattermarken, von denen sie sich jedoch durch die größere Entfernung zweier Wellen unterscheiden. Fühlt man die Bohrung mit den Fingerspitzen ab, so bemerkt man die flachen Erhöhungen und Vertiefungen kaum; meist sind sie so gering, daß sie nur bei auffallendem Licht gesehen werden können. Da die wellenartige Erscheinung nur bei einzelnen Werkstücken auftritt, ein Konstruktionsfehler der Nadel, etwa gleiche Teilung der Zähne, nicht vorliegt, so muß der Fehler am Werkstück selbst zu suchen sein. Kontrolliert man die Stellung der Bohrung zur Anlagefläche, so bemerkt man meist ganz geringe Abweichungen vom rechten Winkel. Ist eine solche nicht festzustellen, so kann man bestimmt annehmen, daß ein Spänchen zwischen Maschinenkopf und Anlagefläche gelegen und Schiefstellen verursacht hat. Die geringe Abweichung vom rechten Winkel genügte, um die Wellen hervorzurufen (größere Schrägstellung ergibt andere, bereits beschriebene Fehler). Wie läßt sich ihre Erscheinung erklären? Nun: die meist schwache Räumnadel wird durch die Bohrung hindurchgezogen, wobei sie sich der schiefen Anlagefläche zufolge schief einzustellen versucht und dabei durchgebogen wird. Da die hervorgerufene Spannung in diesem Falle das Werkstück seitlich zu verschieben sucht, dieses aber durch die Zerspanungskraft, die das Arbeitsstück an den Maschinenkopf preßt, erschwert wird, wächst die Spannung der Nadel weiter an, bis endlich die Verschiebung doch erfolgt. Die Räumnadel richtet sich also gewissermaßen selbst wieder aus. In diesem Augenblick markieren sich die Zähne in der Bohrung.

Die Schlußfolgerung aus diesem Beispiel ist: man untersuche die Werkstücke vor dem Räumen auf ihre *Vorbearbeitung*. Hierzu gehört auch, daß man bei ausgesparten Bohrungen prüft, ob die Aussparung wirklich da ist. Denn die Räumnadeln werden meist so konstruiert, daß die Spankammern den hierbei in zwei Locken abgehobenen Span wohl aufnehmen können, daß aber die eine Locke, die sich ohne Aussparung bildet, Schwierigkeiten hervorrufen kann.

Abb. 100. Festsitzendes Werkstück.

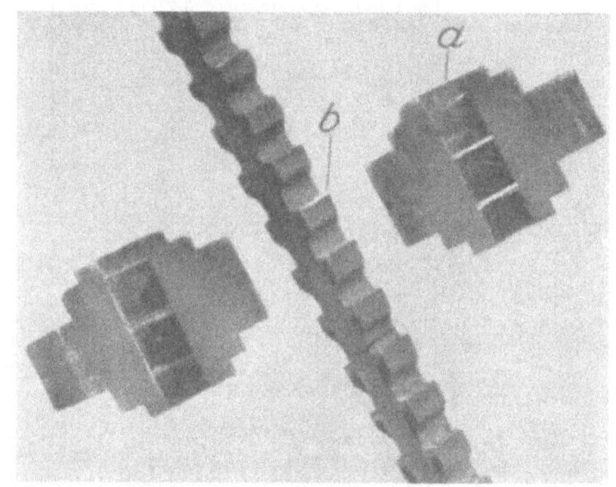

Abb. 101. Räumnadelzähne verbrannt.

53. Fehlerhaftes Härten. Eine ganz bedeutende Fehlerquelle ist auch das Härten der Räumnadel.

Ein Fehler durch Überhitzung, die den Stahl mürbe macht, wurde an der Räumnadel Abb. 100 festgestellt. Beim Räumen riß sie plötzlich dicht hinterm

Schaft ab. Die Bruchfläche ließ grobes Gefüge erkennen, eine Folge von „Verschmoren“ beim Härten. Zur Beurteilung des Zusammenhanges mußte das auf der Räumnadel festsitzende Stück aufgeschnitten werden. Der Zahn *b* (Abb. 101) war wie alle anderen beim Härten verbrannt und beim Räumen ausgebrochen.

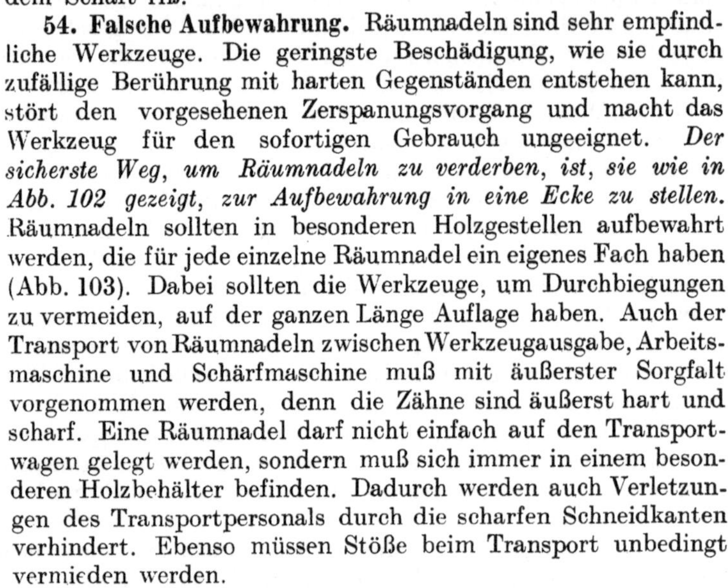

Dadurch war Spanbildung unmöglich, wie an dem Werkstück bei *a* zu erkennen ist. Die Reibung dieses Zahnes genügte aber, die ohnehin schon durch die Veränderung der Stahleigenschaften geschwächte Nadel so weit zu belasten, daß sie hinter dem Schaft riß.

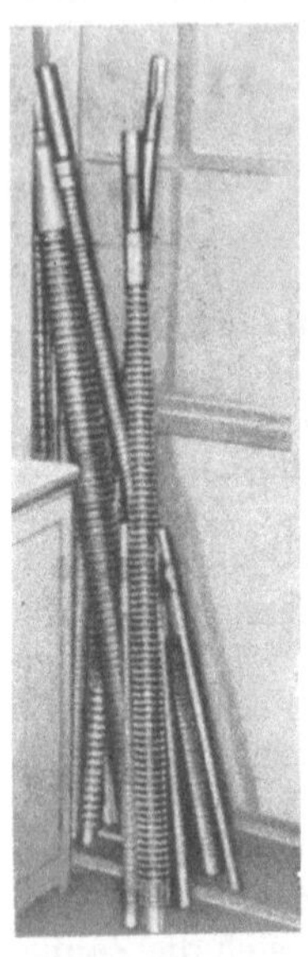

Abb. 102. Sorglose Aufbewahrung macht Räumnadeln unbrauchbar.

54. Falsche Aufbewahrung. Räumnadeln sind sehr empfindliche Werkzeuge. Die geringste Beschädigung, wie sie durch zufällige Berührung mit harten Gegenständen entstehen kann, stört den vorgesehenen Zerspanungsvorgang und macht das Werkzeug für den sofortigen Gebrauch ungeeignet. *Der sicherste Weg, um Räumnadeln zu verderben, ist, sie wie in Abb. 102 gezeigt, zur Aufbewahrung in eine Ecke zu stellen.* Räumnadeln sollten in besonderen Holzgestellen aufbewahrt werden, die für jede einzelne Räumnadel ein eigenes Fach haben (Abb. 103). Dabei sollten die Werkzeuge, um Durchbiegungen zu vermeiden, auf der ganzen Länge Auflage haben. Auch der Transport von Räumnadeln zwischen Werkzeugausgabe, Arbeitsmaschine und Schärfmaschine muß mit äußerster Sorgfalt vorgenommen werden, denn die Zähne sind äußerst hart und scharf. Eine Räumnadel darf nicht einfach auf den Transportwagen gelegt werden, sondern muß sich immer in einem besonderen Holzbehälter befinden. Dadurch werden auch Verletzungen des Transportpersonals durch die scharfen Schneidkanten verhindert. Ebenso müssen Stöße beim Transport unbedingt vermieden werden.

Abb. 103. Aufbewahrungsgestell für Räumnadeln.

55. Schlecht verpackte Räumnadeln. Wie man Räumnadeln bei Einsendung an die Lieferfirma nicht verpacken soll, dafür ist in Abb. 104 ein Beispiel gezeigt. Der aus drei Stück Nadeln bestehende Satz ist leichtfertig in eine Kiste gelegt. Die Nadeln waren lose in Wellpapier eingewickelt, das sich beim Versand zerscheuert hat, so daß die Schneidzähne der Nadeln gegeneinanderschlugen. Dadurch entstanden Beschädigungen, die nur schwer wieder ausgeglichen werden

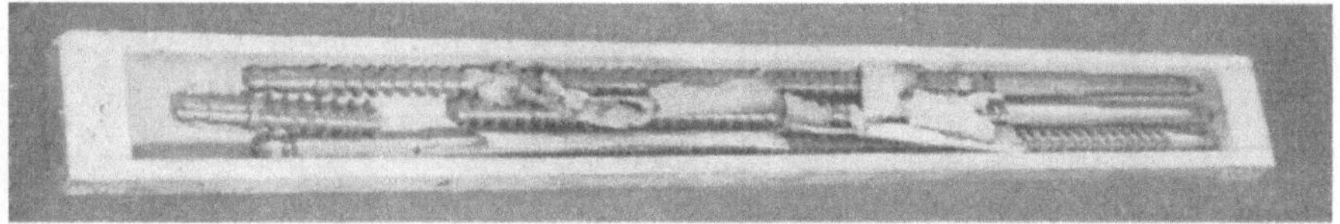

Abb. 104. Schlecht verpackte Räumnadeln.

konnten. Richtig verpackt sind die Räumnadeln dann, wenn sie ihre Lage zueinander innerhalb der Kiste nicht verändern können. Zu diesem Zwecke nehme man eine passende Kiste und nagele Holzleisten längs hinein, so daß passende Fächer entstehen, in die die Nadeln eingelegt und nötigenfalls durch Aufnageln von Querhölzern festgelegt werden. Die Kiste und die benutzten Holzleisten müssen dabei sehr stark bemessen sein, damit das Gewicht der Nadeln nicht die Verpackung zerdrückt oder beschädigt.

VI. Beispiele von Innenräumarbeiten.

56. Arbeiten auf waagerechten Räummaschinen. In ein Dieselmotorenteil aus Bronze sind zwei gegenüberliegende Keile mit geraden Flanken und einem Windungswinkel von 7° und zwei achsparallele Durchbrüche von halbmondförmigem Querschnitt einzuarbeiten (Abb. 105). Da es sich um einen leicht bearbeitbaren Werk-

Abb. 105. Räumen zweier gewundener Keile und zweier anschließender Halbmondprofile auf waagerechter Räummaschine. (Maschine: Oilgear.)

stoff handelt, kann das gesamte Profil in einem Hub geräumt werden. Das Bild läßt die verhältnismäßig starke Durchmesserzunahme der Nadel gegen das Ende hin erkennen. Das Werkstück wird in einer Drallvorrichtung ohne Führungsmutter für die Nadel aufgenommen und im ersten Teil des Hubes mit dieser zusammen gedreht. Dabei werden die beiden Keile ausgearbeitet. Dann steht die Vorrichtung still, und die beiden Halbmonde werden geräumt. Das gebohrte Ausgangsloch hat einen Durchmesser von 24 mm, das in den halbmondförmigen Abschnitten bis auf 39,3 mm ∅ erweitert wird. Die Mengenleistung je Stunde ist 100 Stück. Die Daten der Maschine sind: Zugkraft normal 15 t, maximal 22 t, größte Hublänge 1625 mm, größte Schnittgeschwindigkeit 9 m/min, größte Rücklaufgeschwindigkeit 36 m/min (beides stufenlos einstellbar), Bohrung in Planscheibe 228 mm, Bohrung im Hauptreduzierring 152 mm.

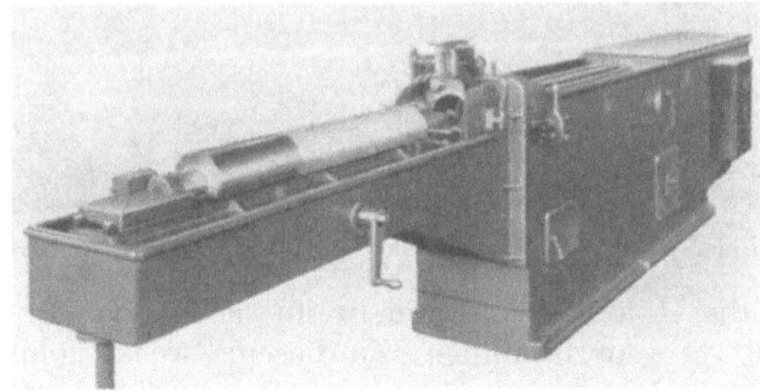

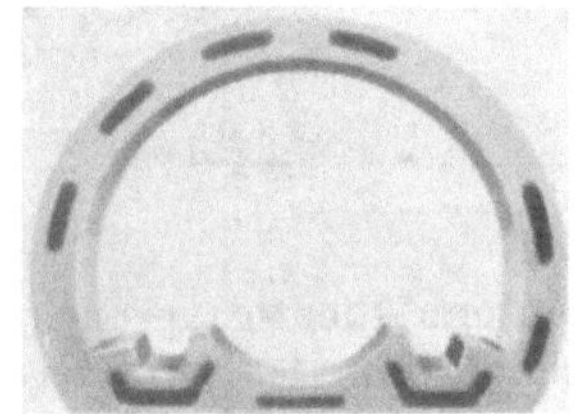

Abb. 106. Schwerer Räumschnitt auf waagerechter Räummaschine. (Masch., Werkz. u. Vorr.: American Broach.)

Abb. 106 zeigt eine schwere Räumarbeit auf einer waagerechten Maschine (25 t Zugkraft). Die unregelmäßige Innenform eines Schaufelgehäuses aus Temperguß wird in einem Hub ausgearbeitet. Ausgegangen wird von dem vorgegossenen rohen Loch, worauf auf allen Seiten eine Schicht von etwa 3 mm Dicke abgehoben wird. Das Werkstück hat die Abmessungen: großer Innendurchmesser 200 mm, kleiner Innendurchmesser 120 mm, Dicke = Räumlänge: 54 mm. Es wird in einer handbetätigten Vorrichtung zwischen zwei Backen an der geraden Grundfläche und am oberen Bogen der Rundung gespannt. Das schwere Werkzeug wird am hinteren Ende während des ganzen Hubes geführt. Auch ruht es, sobald es vom Ziehkopf gelöst ist, am vorderen Ende auf einer Stützvorrichtung auf. Die Bewegung des Werkzeugs außerhalb des Ziehkopfs erfolgt durch eine Handkurbel. Die Mengenleistung je Stunde ist 60 Stück.

Abb. 107. Räumen von Vielkeilnuten mit Evolventenflanken auf senkrechter Räummaschine. (Maschine: Oilgear, Werkzeug: Ex-Cell-O).

57. Arbeiten auf senkrechten Räummaschinen mit Abwärtszug. In eine Kupplungstriebscheibe aus Stahl 70···80 kg/mm² Festigkeit sind 33 Nuten mit Evolventenflanken zu räumen (Abb. 107). Der Durchmesser der Scheibe ist außen 216 mm. Sie wird unmittelbar auf den — auswechselbaren — Werkstücktisch gelegt. Das 170 kg schwere Werkzeug wird von Ziehkopf und Zubringer selbsttätig hin- und herbewegt. Dicke des abzuhebenden Werkstoffs: 6,7 mm. Die Mengenleistung ist 120 Stück/Stde. Die Daten der Maschine sind: Zugkraft normal 13,6 t, maximal 20 t; größte Hublänge 1370 mm; Schnittgeschwindigkeit stufenlos einstellbar bis 9 m/min; Rücklaufgeschwindigkeit stufenlos einstellbar bis 24 m/min; Werkstücktisch: 476 mm tief, 768 mm breit. Eine bemerkenswerte Einrichtung zum Schutz von Werkzeug und Maschine ist der in Kniehöhe angebrachte Notschalter, der als breite Drucktaste ausgebildet ist und die augenblickliche Stillsetzung der Maschine erlaubt.

Abb. 108. Automatische Beschickung an senkrechter Räummaschine. (Maschine: Oilgear.)

Ein vollautomatisches Arbeiten auf senkrechten Räummaschinen läßt sich durchführen, wenn man sie mit einer besonderen Beschickungseinrichtung ausrüstet (Abb. 108). Die Bohrung eines Kegelradkörpers wird geschlichtet und kalibriert, nachdem sie bereits vorgebohrt ist. Die vorgearbeiteten Werkstücke aus geschmiedetem Stahl werden auf einer Rollbahn vor die Maschine gefördert, so daß sie unmittelbar unter die Gleitführung der vor dem Werkstücktisch angebrachten hydraulischen Schiebevorrichtung gelangen. Dort werden sie im Hubrythmus von der Stösselbrücke gefaßt und auf den Tisch unter das Werkzeug gebracht. Nachdem das Werkstück bearbeitet und vom Werkzeug freigegeben ist, wird es vom Stössel des rechts am Werkstücktisch angebrachten Zylinders vom Tisch auf eine links von der Maschine fortführende Rollbahn geschoben. Das Werkzeug kann kurz sein, weil es nur eine Werkstoffschicht von 0,25 mm abzuheben hat. Die Stundenleistung ist 225 Stück. Die Maschinendaten sind: Zugkraft normal 13,5 t, maximal 20 t; größte Hublänge: 610 mm; Schnittgeschwindigkeit stufenlos einstellbar bis 9 m/min; Rücklaufgeschwindigkeit stufenlos einstellbar bis 24 m/min; Werkstücktisch: 476 mm tief, 768 mm breit.

Eine für das Räumen der Bohrungen der Rechts- und Linksausführung eines kleinen Hebels eingerichtete kombinierte Innen/Außenräummaschine zeigt Abb. 109. Der beim Außenräumen nach links zurückgeschwenkte Zubringer ist eingeschwenkt und auf ihm ein Doppel-Spannkopf in der der Nadellänge angepaßten

Höhe befestigt worden. In ihm als auch im unter dem Tisch sichtbaren Ziehkopf werden die Werkzeuge selbsttätig verriegelt und freigegeben. Besondere Aufnahmevorrichtungen für die Werkstücke sind nicht erforderlich. Lediglich eine mit zwei Durchlässen versehene Reduzierscheibe wird auf die Tischöffnung gelegt und dort durch zwei Laschen festgespannt. Die Daten der Maschine sind: Zugkraft max. 5 t; größter Hub 1000 mm; Schnittgeschwindigkeit stufenlos einstellbar bis 9 m/min; Rücklaufgeschwindigkeit unveränderlich 20 m/min; größter Werkstückdurchmesser 290 mm; Durchlaß im Werkstücktisch 70 mm ∅.

Abb. 109. Kombinierte Innen/Außenräummaschine, für Räumen zweier Bohrungen eingerichtet. (Maschine, Werkzeug u. Vorlage: Forst.)

58. Arbeiten auf Räumpressen. Räumpressen eignen sich am besten für Arbeiten, die einen verhältnismäßig kurzen Hub benötigen. Sie werden gebaut mit einem Druck bis zu 25 t und einem Hub bis etwa 800 mm. Da sie in der Konstruktion einfach sind und meist auch nur eine Stößelgeschwindigkeit haben (bis zu 7,5 m/min), sind sie billig in der Anschaffung. Auch im Gebrauch sind sie wirtschaftlich, da sie nicht nur zum Räumen, sondern auch zum Richten, zum Ein- und Auspressen, Prägen, Biegen usw. gebraucht werden können. Überall dort, wo nur geringe Werkstoffschichten abzuheben sind, das Werkzeug also kurz sein kann oder kleine Teile zu räumen sind, sollte stets überlegt werden, ob die Arbeit nicht am wirtschaftlichsten auf einer hydraulischen Presse ausgeführt werden kann. Daß sich auf diesen Maschinen durch Zusatzeinrichtungen und Sondervorrichtungen hohe Leistungen erzielen lassen und auch schwierige Bearbeitungsaufgaben zu lösen sind, sollen einige Beispiele zeigen.

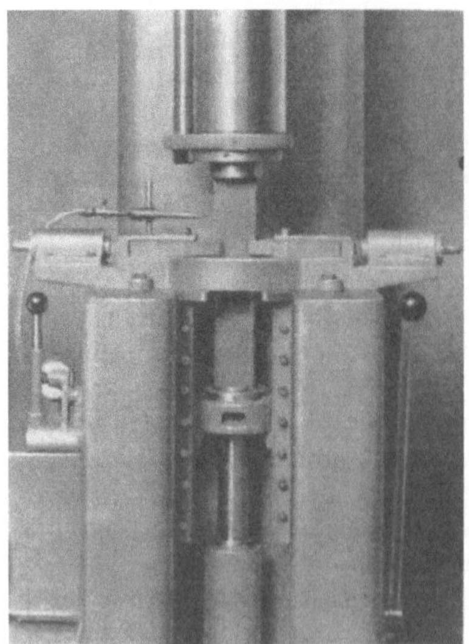

Abb. 110. Beidseitige Führung des Werkzeugs auf Räumpresse (ohne Werkstück gezeigt). (Maschine: Blell.)

In einem kastenförmigen Werkstück sind die schmalen Seiten eines schwach trapezförmigen Durchbruchs einschließlich der Abrundungen zu schlichten und genau zu kalibrieren (Abb. 110). Da die untere Fläche nicht bearbeitet ist, kann das Werkstück weder durch das Werkzeug selbst ausgerichtet noch können feste Anschläge zur Festlegung der Lage des Werkstücks verwandt werden. Das Werkstück wird daher durch zwei Zangen gespannt, die hydraulisch geschlossen und durch Federdruck geöffnet werden. Zwischen den Greifflächen der Zangen kommt das Werkstück so zu liegen, daß der vorgearbeitete Durchbruch sich genau und achsparallel unter der Nadel befindet, und es wird dort gegenüber den Räumkräften unverrückbar gehalten. Das genaue Ausrichten und kräftige Spannen benötigt infolge der hydraulischen Bewegung nur kurze Zeit. Während des gesamten Arbeitshubes wird das Werkzeug durch den unter dem Tisch angeordneten Nadelheber geführt, so daß eine hohe Genauigkeit erreicht wird.

Eine sehr hohe Mengenleistung ermöglicht die in Abb. 111 dargestellte Stoßräumeinrichtung. In die Bohrung von Zahnradkörpern sind zwei gegenüberliegende Keile einzuarbeiten. Dabei muß eine Werkstoffschicht von 1,25 mm

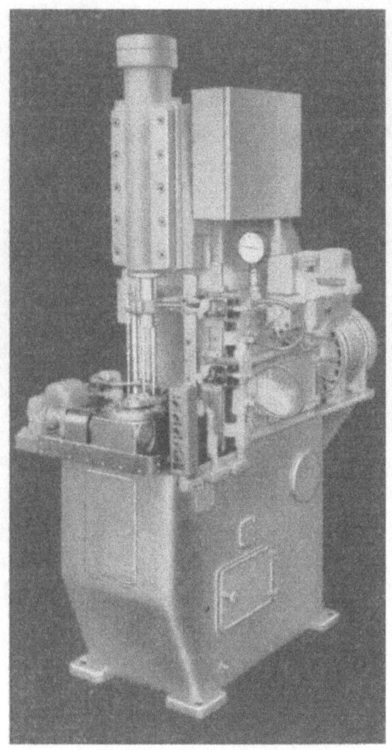

Abb. 111. Stoßräumen mit Beschickungsteller (Leistung: 1440/Stde.). (Maschine, Werkzeug und Vorrichtung: Lapointe.)

Dicke abgehoben werden. Die Werkstücke werden durch Indexteller den beiden Arbeitsstellen, die gleichzeitig zwei gleiche Arbeitsgänge ausführen, zugeführt und nach dem Räumen wieder entfernt. Der Bediener der Maschine braucht also nur im Rhythmus der Hübe jeweils zwei fertige Werkstücke aus dem Teller zu entfernen und sie durch unbearbeitete zu ersetzen. Am Schluß der Werkzeugzahnung sind einige Drückzähne angeordnet, die die geräumte Bohrung soweit aufweiten, daß die Nadeln, ohne daß sie vom Pressenstößel gelöst zu werden brauchen, wieder durch die Werkstücke zurückgeführt werden können. Die Mengenleistung beträgt 1440 Stück/Stunde.

Durch Aufbau eines Indextellers und einer Drallvorrichtung auf dem Tisch einer Räumpresse hat man auch einen Weg gefunden, um gewundene Vielfachnuten mit Evolventenflanken in Werkstücken zu räumen, die keine durchgehende Bohrung haben (Abb. 112). In dem Werkstück liegt zwischen dem größeren Durchmesser, von dem aus die Nuten einzuarbeiten sind, und dem kleineren Durchmesser, der den Hindurchtritt einer Räumnadel nicht gestattet, eine Eindrehung. Die Länge dieser Eindrehung gibt das Maß für die Unterteilung der Vielnutenzahnung des Werkzeugs in 10 Einzelabschnitte, die auf dem Indexteller angeordnet werden und undrehbar sind. Das Werkstück wird im Spannfutter des Stößels, dem durch Maschinenhub und Leitspindel eine Schraubbewegung gegeben wird, aufgenommen. In 10 Hüben wird das Werkstück in die Nadelstümpfe gedrückt, deren Zähne von

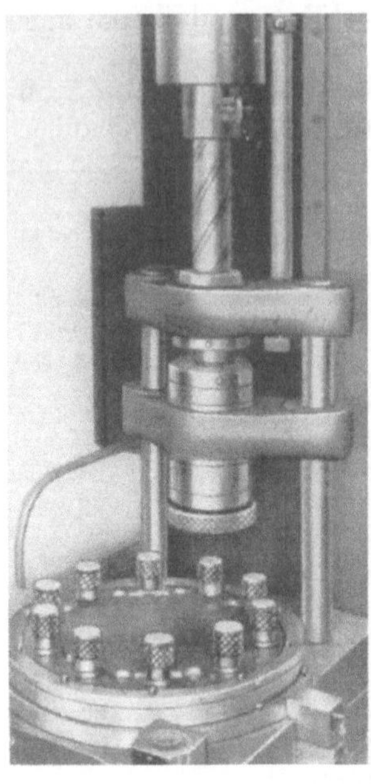

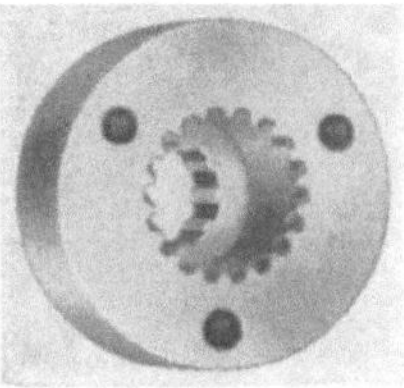

Abb. 112. Räumen *nicht* durchgehender Bohrung auf Räumpresse. (Maschine, Werkzeug u. Vorrichtung: Colonial.)

Indexbewegung zu Indexbewegung tiefer in das Werkstück eindringen. Nach zehn Hüben wird dann die Maschine selbsttätig stillgesetzt. In der Eindrehung des Werkstücks haben die Nadelstümpfe genügend Auslauf.

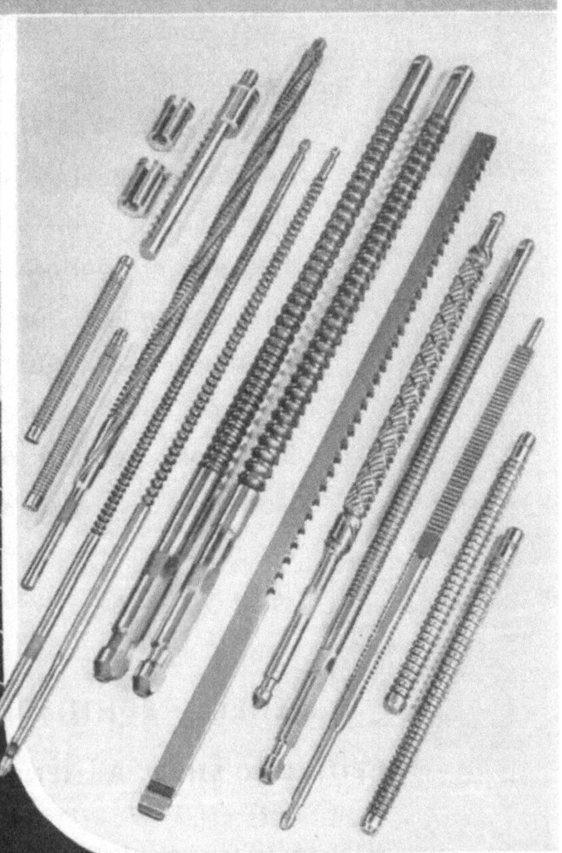

KK
N

KARL KLINK NIEFERN/BADEN
FERNSPRECHER: AMT NIEFERN 224
SPEZIALFABRIK FÜR
RÄUMMASCHINEN UND RÄUMWERKZEUGE

II. Spangebende Formung (Fortsetzung)

III. Spanlose Formung

IV. Schweißen, Löten, Gießerei

(Fortsetzung 4. Umschlagseite)